BAMBOO GUIDE

現代に生かす竹資源

Uchimura Etsuzo

内村悦三 監修

創森社

現代に生かす竹資源

——内村悦三　監修

竹資源の評価と有効利用～序に代えて～

竹は、原料として生産される農林業の世界ではキリやツバキ、クリ、アベマキ、クルミ、トチノキ、ミツマタ、オリーブなどとともに、特用林産物というカテゴリーのひとつに加えられている。これらは、いずれも里山で栽培されているが、木材生産に関与するためではなく、むしろ果実、樹皮、樹液などの生産物を収穫する目的で育成されているものである。キリは板材として利用されているが、これとて箪笥《たんす》や箱物といった特殊な用途に用いられるのみで、かならずしもスギやヒノキ、マツ類などのような、建築材としての位置づけではない。

一方、竹は、以前から農家の裏山に栽培されていて農山村用の資材として利用されてきただけでなく、丸竹や割り竹として日用雑貨品、籠、ザル、用具類、伝統工芸品、和風建築の内装材などとして幅広く利用され、有用な林産物として取り扱われてきた。

最近、目覚ましく発展してきた竹の集成材や、竹繊維と異素材との複合加工品などを見ていると、木材の補完材としての役割をも十分に果たせるだけの多様性を持つ素材であることもわかる。

*

竹は、素材生産されている段階では林産物であるが、いったん加工されてしまうと経

済産業省の傘下に置かれてしまう。
さらに竹林から採れるタケノコは、明らかに農産物として取り扱われている。不思議な立ち位置にある竹ではあるが、いずれにしても日本古来の文化をつくり、育て上げてきた歴史もあるだけに多くの日本人が親しみを持っている植物のひとつである。
海外では「マルチ・プロダクツ・プラント」「ゼロエミッション・プラント」と呼ばれているように、竹は多面性と、環境面での優れた特性を兼ね備えた植物でもある。しかし、往々にして竹を支持する人は、竹が持っている優れた特性だけを取り上げて評価する傾向にあるが、冷静に見ると、その裏には必ずデメリットの部分が隠されていることも忘れてはならない。
前世紀の終わりから、自然や生活に関する環境問題と、それらを緩和させる長期的でエコロジカルな対応が検討されるようになってきた。竹も、プラス志向の資源として多くの人に評価される部分と、マイナスとして考えられる部分とがある。そのいくつかを並べてみることにしよう。

①竹は無性繁殖によって毎年新竹を発生するため、皆伐しない限り再植林することなく、持続的に緑の保全ができる。といって、需要が少ないからとして放置しておけば個体数が自ずから増加し、数年後には過密になってしまうため、毎年、選択伐採を行って本数整理する必要がある。

②温帯性竹類が生育しているわが国では、既存の竹林を放任しておくと周辺地に進出して生育範囲を拡大することになる。竹林の拡張は容易だが、拡張を好まない場合は排除に労苦が伴う。
③竹材の利用は通常、発生後二～五年なので、常に若い稈《かん》と枝葉が緑の構成要素となっており、二酸化炭素の吸収を盛んに行うことができる。しかし、竹の葉には珪酸《けいさん》成分が多く含まれており、落葉の腐植化は遅れる。
④森林と同様に竹林の存在は、水資源の保全や土壌の流亡を抑止するという公益的機能を果たすことができる。しかし、根系の深さがそれほど深くないため、大雨には耐えられないこともある。
⑤炭化することで調湿、吸臭、遠赤外線効果などがもたらされ、竹酢液《ちくさくえき》も脱臭や防菌などの効果が存在するが、炭化や精製が不十分だと諸害をもたらす原因となる。
⑥集成材にすることで、建築用材として広く利用することができる。
⑦竹の繊維は、製紙、衣料、異素材との複合化利用などを行うことができる。
⑧最近話題になっているバイオエタノールについても、竹からつくれることが、すでに明らかになっている。

このように、今や竹は、かつての手工業的な資源活用から、社会のニーズにこたえられる産業資源植物として評価できるまでになってきている。ただ残念なことに、⑥～⑧

に関わる産業を国産の竹材のみで企業化するには、現在の生産量だけではかならずしも十分ではない。加えて個人の所有面積が極めて狭く、大量の素材を集荷するにはコストがかかることも、経営上の大きな隘路《あいろ》となっている。

＊

昨今は、竹林が持つマイナス面を軽減するために、放置竹林を整備して維持・管理したり利用したりすることを目指して活動しているボランティアの人々が、全国各地で増えている。「本数整理上伐採する健全な竹を有効利用したい」という声も、よく耳にするようになった。

本書ではそうした声にこたえるため、竹の活用に先駆的に取り組まれている方々に、その英知の一端を紹介していただくこととした。それぞれの立場で、竹の有効利用を検討していただくための参考書となれば幸いである。

内村　悦三

現代に生かす 竹資源――もくじ

第2章　エコ素材としての竹のバイオマス利用　65

第3章　竹資源を生かし地域活性化をはかる　123

第4章 食用タケノコと竹材の伝統的な利用

·M E M O·

◆本書は中川重年(京都学園大学教授)、濵田甫(鹿児島県竹産業振興会連合会会長)の両氏の発案をもとに鹿児島県林務水産部森林整備課などの協力を得ながら、内村悦三竹資源活用フォーラム会長の監修により発刊するものです。

◆鹿児島県内の新たな撮影については主として山本達雄カメラマン、事例取材については主として松田直子(Hibana)によるものです。

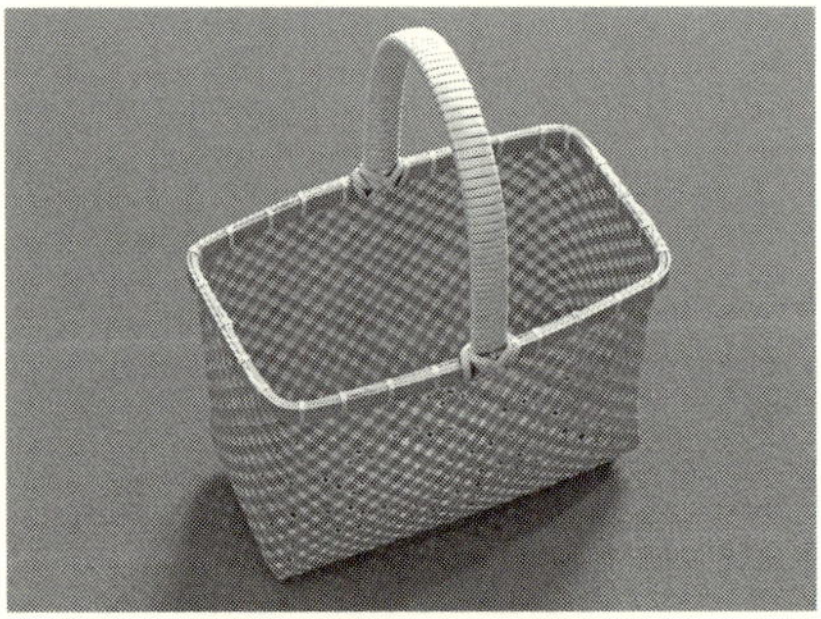

マダケ製の買い物籠

序章

里山保全の変化と竹資源の利用

里山をおおうモウソウチクなどの竹林

里山と竹をめぐって

多くの竹は海外から導入

日本に生育する竹は数十種類あるとされ、モウソウチク、ハチク、マダケ、メダケ、西日本のホテイチクなどが、代表的な種類として知られている。

これら竹類は、単独で生育することはない。地下茎でつながっていたり、大きな株状態になっていたりと、見ようによってはひとつの巨大な生物にも見える。竹林は、さまざまな樹木の集まりである森林とは異なり単純であることから、明るく爽やかさを持った植生となり、樹木でいえばスギやヒノキ、カラマツの植林地に通じるかもしれない。

日本人にとって竹は、道具や建築物、生活用品、物語や文学等の文化面などに大きく影響する、なじみ深いものだ。しかし、モウソウチク、ハチク、マダケ、メダケといった主要な種類をはじめ、竹類の多くは、近世あるいはそれ以前に中国などの海外から導入されたものとされている。

例えば、最もポピュラーなモウソウチクの一部は、江戸時期、元文元年（一七三六年）に中国から薩摩＝鹿児島県に渡来したことが知られている、れっきとした外来種である。現在、鹿児島市の島津公磯庭園には、そのモウソウチク林が残されている。マダケも、別名唐竹といわれているように、唐＝中国からの導入と考えられている。

江南竹林の保護育成林（鹿児島市・磯庭園）

いずれにせよ里山の竹林は、森林と違った生育の様子、また竹林独自の固有種が少ないなどを考えると、その始まりはそれほど古くはないと考えている。竹研究家の濵田甫氏（鹿児島県竹産業振興会連合会会長）は、数十万年前に鹿児島県下で出土した化石竹のことを述べられているので、実際にはいくつかの種類が日本に自生していたのかもしれない。ただ化石では種レベルの同定は困難で、どの種が自生種であったかは不明である。

里山の一角を占めるモウソウチクなどの群落

一方、小形の竹類である笹（正しくは稈鞘《かんしょう》が早期に落ちる竹とは違うが）は、地理的境界や気候と対応して分布域が決まっている、随伴して生えるいくつかの植物がある、などから自生と考えて問題ないだろう。

現在の竹林は、特有な種群（ラン科のアキザキヤツシロラン、ヤツシロラン、キノコ類のキヌガサタケ等）が見られるようになっている。導入された竹が、わずか数百年で新しいパートナーを見つけたか、あるいは日本に導入時にこれらの植物と竹がセットで持ち込まれたのかもしれない。また、これら竹林に生える多くの植物は種子（胞子）が極めて微小で、遠距離を風に乗って移動できる能力があるため、遠方から海を越えて伝播《でんぱ》してきた可能性もある。いずれにせよ、里山に導入された竹という新植物が、それほど長くない年月で新しい生態系をつくり出しているという、興味のある事例が見られるのである。新しい導入植物である竹林が獲得してきている生態的位置づけを、あらためて考える必要があるのではなかろうか。

現在は、放置された竹林があちこちにはびこり、他の植生に侵入するなど、社会的に注目されてきている。これは、ただ竹林＝竹材の利用価値がなくなったからという、竹林だけに起因するのではなく、竹林や雑木林、ひいては農業など里山全体が大きく転換してきているからであり、竹だけが悪者扱いされる所以《ゆえん》はないだろう。

次代へ里山を引き継いでいくためには、竹林の問題を抜きには語れない。新しいまなざしを竹林に向けるためには、まず過去の有様を知ることが必要であろう。

九世紀──古代の里山景観

日本に稲作が伝わり、集約的な農業が行われるようになったのは、古代以前のことである。八世紀の歌集である万葉集には四五〇〇首の歌が詠《うた》われているが、その中には里山に関する言葉がたくさん出ている。新たに開いた農地を表す「新治」「墾田」「新墾田」という名称、池（ため池）の補修、雑木林の萌芽や再生の様子が見られ、自然植生を改変しながら農地を広げていく時代であることが、よくわかる。

以下、万葉集の中から特色のある里山光景を詠ったものを取り上げてみよう。

〈四〇巻相聞　第三四九二首〉

を山田の池の堤に刺す楊　成りも成らずも汝と二人はも

を山田の池とは山の中にある池で、農業用水をためておくため池のことである。大量の水を必要とする田植え期や夏に対応するため、田の最上部に小山田の池がつくられた。池は谷を堤でせき止めてつくる。ため池は定期的な泥掬《すく》い、堤の水漏れ防止の維持管理が不可欠である。管理が不十分であると堤の決壊、災害をもたらす。したがって定期的に決壊防止のメンテナンスが行われた。

『令義解《りょうのぎげ》』（八三三年）は令（養老令）の解説書であるが、この営繕令に「凡、堤の内外ならびに堤の上に楡、ヤナギ、雑樹（くさぐさのき）多く植え、堤堰の用に充てよ」とある。今の保全管理の考え方では理解しにくいが、堤の保全のために積極的に樹木を生やすこととしていた。この令義解では単純に木を植えるとしているが、万葉集では、「楊（柳）を刺す」とあり、当時すでに柳の増殖に挿《さ》し木法が使われていたことがわかる。

〈四〇巻相聞　第三四八九首〉

楊こそ伐れば生えすれ世の人の恋に死なむをいかにせよとぞ

この歌では楊（柳）の木を刈り取っても次々と再生する状況を詠っている。

〈四〇巻相聞　第三四八八首〉

おふしもとこの本山のましばにも告らぬ妹が名象（かた）に出でむかも

三四八九首と同様、刈った切り株から再び新しい萌芽再生枝が生えてくると詠っている。しもとは「楉」で、樹木の萌芽再生を表した文字である。

〈九巻雑歌　第一七三〇首〉

山科の石田の小野の柞原見つつや君が山路越ゆらむ

柞（コナラ）の見通しのよい原を通る（伐採後の小さな萌芽状態の若い木が生えている）さまを詠っている。現代の日本ではこのような景色を見ることはまずないが、中国では現在でも雑木林を利用しているため、よく似た景観を見ることができる。

万葉集を「たけ」をキーワードに検索してみると、わずか数首しか見つけることができないが、樹木に関わる言葉は相当数を見つけることができる。そこから推定すると、竹林は当時それほどは多くなかったのではなかろうか。

次はその竹を詠った歌。

〈一一巻正に心緒を述ぶ　第二五三〇〉

あらたまの寸戸が竹垣編目ゆもいもうとし見えなば吾恋ひめやも

網代に組んだと思われる竹の垣を描写している。

〈四〇巻雑歌　第三四七四〉

植え竹の本さえとよみ出でて去なばいづし向きてか妹が嘆かむ

洛中洛外図屏風に見られる竹の利用

一五～一六世紀の京の町の様子を屏風に表したものに「洛中洛外図屏風」があり、当時の生業《なりわい》や職人が生き生きと描かれている。この洛中洛外図を見ると、中世の都市でどのように竹が使われているかがわかる。

寺院や貴族の館の屋根は瓦葺きであるが、一般の家屋は板葺きあるいは草葺きで、屋根が風で吹き飛ばないよう、屋根の押さえに割り竹（ひしぎ竹）をのせ、石で押さえている。屋根を葺いている様子を描いた部分には、傍に割った竹が積まれており、路上では青竹を刃物で割っている光景が描かれている。このほか、はっきりしないが割り竹を壁に使っていると思われる家屋も見られる。材料の竹材を束にして首の後ろで交差させ両肩に振り分け、売り歩く職人が描かれている。興味深いことに、現代の中国東北部遼寧省の一部、ナラ類で柞蚕《さくさん》（蚕の一種）を飼育する農村では、ナラの萌芽した若い木を運び出すのに現在でも首で振り分けて担いでいる。中国と日本に見られる、竹や木の古い運搬法なのかと思われる。

このほか洛中洛外図には、青竹を割ってひごにし、組み上げた虫取り籠を携えて虫を捕る職人、弓づくりの職人、桶のたが（竹でできている）直し職人である結桶師、染物屋で布を干す竿など、庶民の生活を支えている竹のさまざまな利用が描かれている。

都市の生活を維持させるために相当量の竹材が消費されているので、周辺地から日常的に運び込まれていたと思われる。一方、あまり農村風景は描かれていないが、そこでは箕、ザルなど、農業と関連する竹製品が描かれている。

寺院や貴族の館の庭園には、さまざまな樹木（庭木）が植えられている。背景の山にはアカマツが多く生えている。竹（竹林）は、こういった屋敷内や山ではまったく見られず、わずかに農村部の農家の横に生えているように描かれている。

このほか洛中洛外図には、木材（板、榑）、薪などの販売風景も描かれ、木竹ともに人々の生活に深く関わっていたことがわかる。

江戸時代の竹林

元文元年、モウソウチクが薩摩に渡来した。マダケに比べ、竹材の利用価値は低いものの、タケノコの発生時期が早いことなど、優れた特性を持つことから各地で盛んに栽培され、現在ではモウソウチク林の面積が最も多くなっている。

村の田畑や山林と比べて、竹林の占める面積はどのくらいだったのか、神奈川県の山の村、海の村、その中間農村の三つの村の村明細から見てみよう。江戸時代の村の詳細、村の家数、人口や農地、森林について細かく記録したものが村明細である。

丹沢山中の山の村

山林が大半を占める愛甲郡煤ヶ谷村（丹沢山地および山脚部）の、延享元年（一七四四年）の明細帳では、田畑が一二三町九反（内訳…田は五町五反、畑は一一八町三反）、新田畑七町一反、百姓林四八五町、秣《まぐさ》取り場（草地）はない。農間に白炭（コナラ、カシを使う）、鍛冶屋炭（マツを使う）、真木（スギヒノキ、モミなどの針葉樹）、薪（コナラやアラカシなどのカシ類）の生産を行った記録がある。一方、竹林の面積および生産については記録がなく、記録するほどでないくらい竹林の面積は少なかったのではないかと思われる。

箱根外輪山のふもとに近い村

相模国足柄下郡久野村（現在の小田原市で海に近い箱根山地の脚部）の寛文一二年（一六七三年）の村明細では、田畑合計二二九町（内訳…田は八三町八反、畑は一二一町二反）、その他、新田などでの農業の生産物以外には柿渋、船用の縄蘽、わら、ぬか、竹皮、くこ、うこぎ、やまのいも、飾り用の杭木、葉竹が生産されたと記録されている。久野村の御林である大林には雑木、唐竹（マダケ）、松、栗が生えているとしている。

百姓の持っていた山林（面積不明）一七九筆の内訳を見ると、雑木林が一三一筆（七三・一％）、小松山二五（一四・〇％）、なよ竹（女竹）九（五・〇％）、唐竹（マダケ）五（二・八％）、松山四（二・二％）、笹二（一・一％）、スギ一（〇・六％）、芝山一（〇・六％）、不明一（〇・六％）となっている。笹を含む竹林の面積は、雑木林（七三・一％）、松林（一六・二％）に次ぎ八・九％となっている。

山が迫っている海岸の村

足柄下郡根府川村（現在の小田原市、海岸沿い）

でも寛文一一年（一七六二年）、江之浦の御林については「舟積人足御割付次第毎年出候」として、竹林の存在と利用されていたことが記録に残っている。

丘陵と平地がある村

鎌倉郡弥勒寺村の村明細（元禄八年）では田畑の記載のほか、薪、木綿はあるが、竹に関する記載は見られない。上飯田村では秣取り場、竹林はない。下倉田村（正徳四年）では、竹木は外部から購入している。

このように村明細で見る限り、鎌倉郡ではわずかな竹林は存在していたであろうが、広い面積にわたる竹林の存在が見られない。

わずかな資料ではあるが、これらの村々の場所の現在の竹林の状況と江戸時代村明細に記録されている竹林の存在は、相当に異なっているようである。

燃料革命で雑木林が使われなくなった

里山の様子が一変したのは一九五〇年代半ばである。日本経済の発展、化学肥料の普及、化石燃料の普及によって、これまでに里山で生産されていたエネルギー源としての薪炭や、有機物肥料として田畑に施されていた落ち葉や刈り敷（肥料用の生葉のついた枝葉）が、急速に利用されなくなってしまったのである。

わが国における木炭の生産量は一九〇四年から二〇〇五年までの一〇〇年間に、大きな需要の変遷が見られる。一九四〇年には、わが国の木炭生産史上最大の二七〇万ｔの生産が行われた。近年の木炭の生産量は約三万ｔであり、一九四〇年の一％に過ぎない。

生の炭材重量の約二〇％が木炭になる。一九四〇年の木炭生産量を炭材ベースに換算してみると、一三五〇万ｔという大量の木材を伐採して炭に焼いていたことになる。現在の四〇年生雑木林の、小枝まで含めたすべての木材量は一ha当たり約三〇〇ｔ。また二〇年前後の管理された標準的な雑木林では一ha当たり約一〇〇ｔ炭材を産出する。したがって、一〇〇ｔの値で計算すると、雑木林一四万haが一年間で木炭に変わり、しかも一年間で消費されて

里山の炭やき（東京都八王子市柚木）

小さな白炭窯の窯口（東京都八王子市恩方）

いたのである。

一九三五年から一九四四年の一〇年間の累計は二三三二・〇万t、一九四五年から一九五四年で一八二四・五万tという、膨大な木炭が生産された。終戦を含む二〇年間で消費された炭材総計四一五六・五万tは、原木（炭材）換算二億tに相当する量である。この時代は、あたかも万葉集の「山科の石田の小野の柞原見つつや君が山路越ゆらむり」の、人の歩く様子が見通せるほどだけの低い柞原（コナラなどの伐採あるいは柴山状態）の光景を髣髴《ほうふつ》させる。また、現在中国東北部の蚕林地帯の柴山状況にも似ている。

伐採され萌芽した雑木林は、早ければ一〇年、南関東で一五〜一七年、全国的には一五〜二〇年経過すると元の大きさに回復し、再び伐採された。木炭需要の盛んな時代には雑木林だけでは購いきれず、ふだん生産活動を行わなかった奥山にまで入り、古い再生林である森林から太い樹木を伐採したりして増産に励んだ。

神奈川県丹沢山地のふもとにある愛甲郡煤ヶ谷村

（江戸時代の村明細が残る）では、木炭需要の旺盛な昭和二〇年代には、炭焼き職人は朝暗いうちから提灯を持って山に入り、帰路、再び提灯を下げて家に帰り着いたという。子どもの起きている顔を見たことがないというほど、仕事場＝森林へ通う時間がかかったのである。

　このように木炭をつくれば売れるという特需といえる需要も、一九五五年頃から急速に減衰する。日本の木炭需要は、一〇年間で一〇分の一にまで減少した。煤ヶ谷村の奥、現在まったく人が行かないような深い山の中に、たくさんの炭窯が崩れて残っているのを見ると、当時はここまでが一種の里山で、木炭の生産現場であったことがわかる。

枯れた竹が放置されたままの状態

放棄竹林の特徴と侵入

　管理放棄された竹林のバイオマス量は、神奈川県のマダケ林で一ha当たり八〇～一〇〇t、同じ場所で管理されたモウソウチク林の場合では一五〇tである。

　古くなった竹は一〇年を待たずに枯死するため、林外に出さない場合、枯れた竹が絡み合って足の踏み場がなくなる。また竹の落ち葉は、およそ一年で分解する雑木林の落葉樹のそれと比べて分解速度が遅く、結果的に林床には一〇～一五cmほどの厚さに落ち葉が堆積する。竹林内に落下した樹木や草類の種子は、発芽しても根が地面にもぐり込めずに枯死、また種子が落ち葉の下にもぐり込めた場合でも照度不足で枯死、いずれも更新が不利となる。そのため、こうした管理放棄竹林の林床は、耐陰性の強いアオキ、ヤブラン、ミツバアケビ、ハエドクソウなど、どこにでも生える植物が生えるくらいで、一

竹林が農家の裏山から上部に広がっている

般に植生は貧弱である。古竹の伐採や落ち葉掻きなど林床植物に対する環境改善を行うと、出現種数が五倍になることが、神奈川県厚木市のモウソウチク林の例で観察されている。

管理放棄された竹林は、現在いたるところに見られる。林野庁の統計値では、タケノコ生産量、竹材生産量が減少しており、見かけ上、竹林の面積も減少傾向にあるとしている。しかし実際には、このほかの田、畑、茶畑、果樹園などの放棄耕作地やスギ・ヒノキ人工造林へ新たに侵入した竹林面積は著しいのが実情である。

竹林の周辺部への進出状況を、島根県の隠岐諸島の地域の事例で見てみよう。

正面農家の左裏にあった竹林が裏山のスギ植林地に、初めは上部に、次いで右手上方に侵入していることがわかる。裏の畑ではスギが何期かに分けて植林され、畑の一部にはクリも植えている。現在では農家から上方の山側にはクリ畑以外の農地が見られなくなっている。

（京都学園大学）**中川重年**

竹利用の新しい動き

長いままの竹は運搬に不便であることから、粉砕して加工するのはよい方法である。ところが竹材は、内部に比べ表皮が硬いため、切削加工時に刃物の負担が大きく、木材に比べて加工困難とされ、チップ工場などでは敬遠される傾向がある。特に製紙用のチップは定型であることが必要とされるので、木材のそれに比べおよそ半分の時間で刃物研磨を行わなければならない。また竹には、空洞があるために運搬の効率が悪いこと、フリーハンマーによる切削では騒音が著しいなど、木材と比べ不利な条件が多い。

しかし一方では、環境保全の面からも一刻も早く竹林に対する管理が再開されなくてはならないのも事実である。この竹類の資源化は各分野で検討されており、新しい動きが各地で見られる。

竹を砕いての利用──紙にする

かつて私は、市民の里山保全グループの全国組織、雑木林会議の犬山大会で、里山ＯＡ紙を提案した。自治体が各自の地域のバイオマス資源（竹、雑木、スギ・ヒノキの間伐材）を伐採搬出、全量を製紙業界に委託してＯＡ紙に加工し、自治体および学校などの利用に役立てようとするものだ。地域によって竹材の割合の多いもの、針葉樹の多いものなどとなり、少しずつ違う風合いや色のＯＡ紙になるが、それもその地域の特色であり、よいのではないかと考えた。

しかしその後、紙にするには切削チップでなければならないことがわかった。市民が里山保全で使うハンマー式の機械でつくったチップでは、製紙用の機械に引っかかり、製紙工場に受け取ってもらえない。

さらに竹は、チップ化するとすぐに発酵を始めてしまう。私の経験では二〜三日後には内部の温度が五八℃にまで上がり、数日でキノコが生えることも

モウソウチクを主とした竹チップを集積（中越パルプ工業）

体験した。したがって、加工したら速やかに運び込まなければならないのだが、神奈川県や東京都であれば、一番近い製紙工場は静岡県富士市であり、一五〇㎞はある。

また、現場の声としては一本二〇～三〇㎏の竹は作業にはちょうどいいのだが、これしきの量ではプロは困るので、ひっきりなしに運んでいなければならない。市民参加の場合、量の確保が難しい。

中越パルプ工業の川内工場の事例

こうした中で日本製紙業協会に問い合わせたところ、中越パルプ工業㈱の川内《せんだい》工場（鹿児島県）で竹の紙をつくっているとの紹介を受けた。中越パルプ工業は基本理念を「地球規模での環境保護と持続的発展が可能な豊かな社会の実現を目指して努力する（二〇〇七年六月）」としており、行動方針として、①地球温暖化防止対策、②森林資源の育成と保護、③古紙利用の適正化推進、④地球環境の維持・向上、⑤環境負荷化学物質対策、⑥廃棄物の削減と有効利用の推進、⑦CSR活動の推進、の七つが掲げられている。川内工場での竹材利用は、主として

竹パルプの積載断面(中越パルプ工業)

②に関わるものと推定される。

川内工場は薩摩川内市にあり、旧川内市の誘致企業第一号として一九五四年に操業を開始。竹利用は六年前から取り組んでおり、現在のところわが国で唯一、純国産一〇〇%の竹紙《ちくし》を生産しているとされている。川内工場における地域環境活動には、①地域清掃活動、②地域とのコミュニケーション、③竹の再利用、④資源回収が掲げられている。

中越パルプはすでに一〇年にわたって、地域の早出しタケノコの生産地と連携したシステムをつくってきた。開始当初は、大型トラックで竹材を運び込む方式を取っていたそうだ。しかしそれではコストが合わずに撤退し、次いで地域の農家と直接結びついて軽トラックで運搬する方式を取った。これならば、早出しタケノコ生産農家の現場まで入り込むことができる。製紙会社側は、焼酎を持って農家にお願いに回ったという。農家側としても、焼却処分していた竹材を有償で引き取ってもらえる。製糸工場も農家側も少し我慢することで、地域資源が有効に活用できる。

現在こうした方式で集められる竹チップは、年間一万t。製紙業界にとっては一%にも満たない量ではあるが、年間でこれだけの竹材が消費されている業界は、他にはないのではないかと思われる。

竹紙の特性は、針葉樹と広葉樹の紙のちょうど中間の性質なのだそうだ。繊維長も中間で、悪く言えば特徴がない。よく言えば、どのタイプの紙にでもなる。竹の強靭《きょうじん》な繊維を考えれば、硬い腰のある紙ができると思われるが、そうではないらしい。

鳥取県での新しい動き

鳥取県東伯郡三朝町《みささちょう》にある、鳥取県中部森林組合三朝支所・チップ工場では、二〇〇八年度の新規事業として三月から竹の製紙用チップ生産が始まっている。ここで生産された製紙用チップは、同県米子市の日本製紙の工場に納入されている。

すでに広葉樹チップが日本製紙に搬入されており、専用トラックが一日二回、米子と製紙工場とを往復していた。また、すでに敷設された広葉樹チップラインの、原木樹皮剥離《はくり》用バーカーの次の工程に脇から入り込むような形で、竹チップラインが併設された。搬入システム、加工システム、運搬システムのすべてがそろっており、少しのイニシャルコストで竹チップが生産できるので、優れた方式である。ちなみに鹿児島県の中越パルプの場合は、広葉樹の原木加工と同じラインを利用しているのでイニシャルコストは不要、研磨回数が増えるというランニングコストが若干かかるだけである。

搬入される竹材は当面、森林組合の直営事業とし、中型トラックで搬入している。竹材は長さ四mに玉切ったものである。将来は鹿児島県の事例のように農家が直接軽トラックによる運び込みを考えており、鹿児島県の事例を学びに現地を訪れたそうだ。

竹を砕いての利用――マルチ・堆肥

プロ仕様の製紙用チップよりも少し手軽に竹材を加工するには、フリーハンマーによる破砕、あるいはタブグラインダーによる方式がある。いずれも、製紙用チップに比べて規格のそろわないものが混じった状態となる。機械の性能と、ふるうスクリーンの径によって大きさはさまざまになり、タブグラインダーは爪で引っかく方式で細かい綿状のチップとなる。

直接マルチする

これを直接マルチする方式は、最も簡便な方法であり、竹林内、森林内にチップロードを設置あるいは森林や竹林内へのマルチは広く行われている。

例えば、滋賀県米原市の市民参加の里山保全グループであり、事業のひとつとして竹林整備を行っているNPO法人やまんばの会は、チッパーで加工した竹チップを、古墳群の保全のために古墳表面に一五cmほどマルチを施している。こうすることで、古墳エリアに樹木が侵入しないのである。また、二〇〇七年に世界遺産に登録された島根県大田市石見銀山でも、昨年朝日環境賞を受けたNPO法人緑と水の連絡会議が、遺跡を覆う放置竹林の整備を行っており、チップ化して径路などにマルチしている。

肥料として利用

チップ化した竹は、堆肥化させることで畑に施用することができる。さらに硬い竹材を擦《す》りほぐして綿状にしたものを畑への有機物肥料として使う方法もある。

鳥取県八頭郡《やずぐん》郡家町《こおげちょう》の八頭地区竹資源利活用協議会では「竹を活用した安全・安心で美味《おい》しい米づくり」をキーワードに、一九九九年（平成一一年）から竹粉を用いた環境型保全農業に取り組んでいる。竹粉は、チップ化した竹を、トラクターの動力を利用する植繊機のスクリューコンベアで圧縮しながら破砕して製造している。この竹粉は、粗く行った代《しろ》掻《か》き後の田にグランドキャスターで投入される。攪《かく》拌《はん》して土中に混ぜ込まないのがポイントだそうだ。

同協議会の中嶋氏は、「施用量は一〇a当たり一t、竹の本数にして三八五〇本。出来た米の食味値は平成一九年（二〇〇七年）度が一八三点、二〇年（二〇〇八年）度は一九八点を獲得。販路については直接販売を行っている。地域一帯で美味しい米づくりを目指しており、全国各地から視察に来る」と言う。この竹粉は、畑や果樹園へも施用されている。

また竹粉の導入は静岡県でも行われ、茶畑への施用が行われている。

ペレット化して燃料利用

チップ化した竹を二次破砕し、乾燥させてペレタイザー（ペレット加工機）を用いてペレットに加工し、燃料としての利用も行われている。

竹ペレットの発熱量は五六〇〇kcal／kgで、スギやコナラの五〇〇〇kcal／kgとそれほどの違いはない。ところが燃焼後に残る灰分は、モウソウチクの稈部分（木材の幹に相当）では一・〇％、葉だけでは一二・〇％、全竹で五・〇％の値となり、木材の〇・三％前後と比べると大幅に多く、しかも燃焼温度によっては固形化、あるいはカルメ状となって燃焼の継続の妨げになることもある。

さすがに中型のボイラーではこの問題は起きないが、小型の家庭用ストーブではこのような状態になる機械も見受けられる。

ペレットストーブは欧米の技術であり、対象は木材のみで、竹は対象外である。竹ペレットの製造と燃焼技術は、日本の独自のテーマであろう。

微粉化しての利用

竹を微粉化する技術として、特殊な形状のノコギリを組み合わせ一〇μレベルに竹を切削してゆく、本書でも紹介している静岡県浜松市丸大鉄工㈱の独創的な技術がある。この方法は組織の形状を壊さないことから微生物活性が高く、特別な機能を持っている。詳細は三章を参照してもらいたい。

このほか一〇〇メッシュレベルの粉砕ならば、既存の木粉工場でも微粉化が行われている。

これらの竹の微粉は、プラスチックの増量剤、猫トイレなどに使用されている。丸大鉄工の技術を用いた竹の微粉は、食用にも使用されている。

新しい大量消費システムが必要

竹林を再生させるためには、大量の竹材の資源化が不可欠である。しかし、竹材をそのまま利用するような方法では解決には至らないのではないかと危惧されている。本書では、伝統的な竹工芸から最も新しい大量消費の可能性を持った紙づくりまで、多岐にわたって紹介している。

古くからの里山には、現在見られるほどの竹林はなかったようだから、現在は新しい大量消費のシステムを構築しない限り、小さなモデル林を造成しても埒《らち》が明かないのではなかろうか。先に紹介したように、鹿児島県では竹の伝統を生かす方法と同時に、地域を巻き込んだ新しいシステムがすでに一〇年にわたって実績を積んできている。また、鳥取県の竹林と水田を結びつける実践例は、世の中に問うべき環境共存の貴重な事例である。

竹を竹のまま利用するのもいい。だが竹を工業原料として位置づけ、新しい用途を考えるとき、この竹の竹たる所以のあの形を変えない限り、先への展開はないのではないか。竹の粉砕は古い日本の歴史の中では現れなかった技術である。この新しい技術が里山を新しい方向へと導くかもしれない。鹿児島発、鳥取発、静岡発の新しい技術に注目していかなければならない。

竹のアルプホルン

二〇〇九年三月、神奈川県の厚木市で活動する玉川アルプホルンクラブでは、鹿児島県の竹バット加工技術を応用した集成材で、スイスの有名な民俗楽器アルプホルン製作にトライ。これまでの針葉樹を使ったものと比べると、明るい音色、はやいレスポンスを持つ、まったく違ったアルプホルンが完成した。金管楽器演奏のプロも注目する出来栄えである。本場のスイスでもつくられなかった、世界初の竹アルプホルンは、新しい竹の利用の可能性を高々と響き渡らせる。

市民による竹林の整備は、里山管理の手軽な入門編である。竹一本の重量は二〇～三〇kg、上部の枝葉は樹木に比べしなやかで、樹木の伐採ほど重大事故を招く可能性は低い。手ノコギリで切れる手軽さを持っているし、ちょうど一人の人間が持ち出すには手ごろな重さである。竹は、プロには扱いにくい素材でも、アマチュアにはちょうどいいということはいえるかもしれない。

（京都学園大学）**中川重年**

■鹿児島からの報告

■栽培竹林

一年生のモウソウチクの稈基

枝条（箒などの材料）をトラクターに積む

モウソウチクの整備竹林（姶良町）

ウサンチクの栽培林（姶良町）

ウサンチクの稈（右上）

ホテイチクの林床（さつま町）

ホテイチクの稈

■竹の用途

乾燥済みのモウソウチク(脇田工芸社)

鬼おろし(脇田工芸社＝鹿児島市)

前からトング、てんぷらばさみ、
パントング(脇田工芸社)

根を生かした花器
(伝統工芸センター)

竹バット(日の丸竹工＝日置市、
本文 73 頁～)

マダケが原料の花器
(伝統工芸センター)

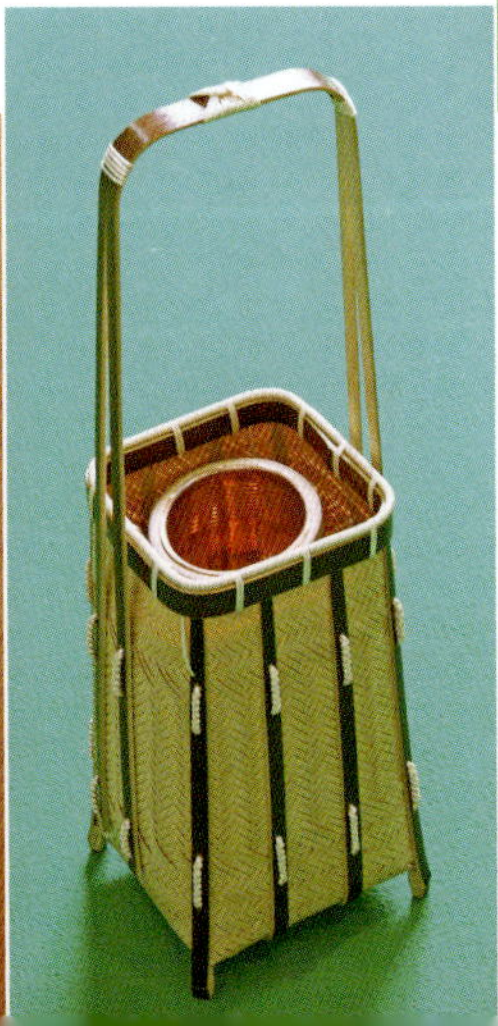

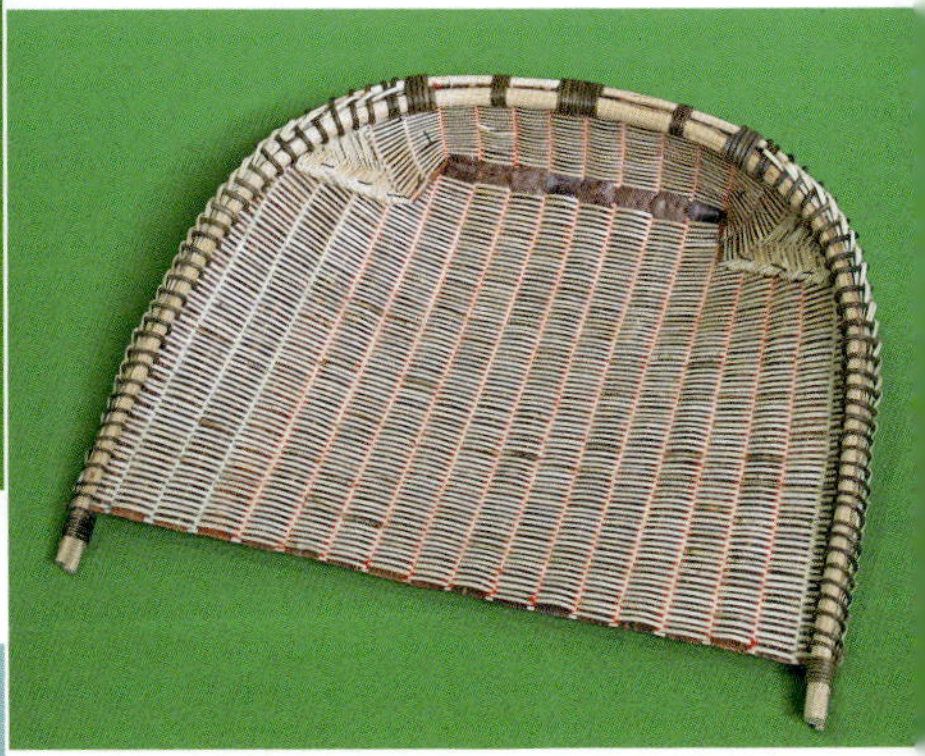

竹箕。原料はホウライチク(宮之城伝統工芸センター＝さつま町)

マダケを編んだ盛り篭
(伝統工芸センター)

竹パルプ 中越パルプ工業

竹パルプを積載

竹チップを集荷（中越パルプ工業＝薩摩川内市、本文 66 頁～）

竹パルプ入りの紙コップ

竹チップの原料は 9 割がモウソウチク、残りのほとんどがマダケ

竹炭・竹酢液 日の丸竹工

丸竹の竹炭↑

粗い粒状の竹炭↑

ステンレス製の小型窯（日の丸竹工＝日置市、本文 77 頁～）

割り竹の竹炭↓

粉状の竹炭↓

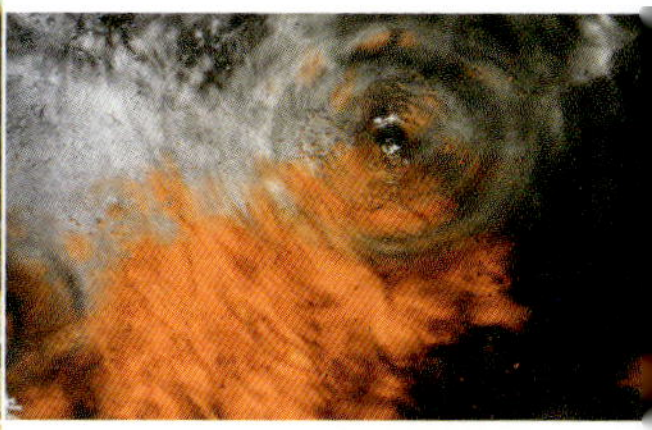

採取したばかりの竹酢液の粗液表面

炭化した丸竹を切断

細めの割り竹の竹炭（浄水用）

精製後の竹酢液

■竹の生態

里山の竹林。左・カンザンチク、左上・モウソウチク、右・マダケ（姶良町）

磯庭園の江南竹林。モウソウチクは中国江南地方が原産とされ、わが国の栽培発祥の地のひとつになっている（鹿児島市）

トウチクの植栽（磯庭園）

モウソウチクの一年生（さつま町）

伐採適齢のモウソウチクの稈（姶良町）

ホテイチクの群落（入来町）

モウソウチクの大群落（姶良町）

ホウライチク、メダケ、モウソウチクによる護岸（入来町）

ウサンチクの栽培林（姶良町）

大型の笹類であるカンザンチク（伝統工芸センター）

第1章

■

竹の代表的な種類と竹資源の用途

土留めをした整備竹林（モウソウチク）

■

竹の代表的な種類と特徴、用途

単軸型タケ類（温帯性）　日本に五属

〈マダケ属〉

稈《かん》は中形から大形で、一節より二本の枝を出し、国内のタケ類の中で最も多くの有用種が含まれている。日本、中国、東アジアなどに約三〇種が生育している。

マダケ（真竹・苦竹）

▼特徴…国内に生育しているタケ類の中で最も利用価値が高い種で、稈長は一五m前後、胸高直径一〇cm前後になる。節間長《せっかん》は長く、節は二輪状で、下側が鋭く凸状に出ている。枝の第一節間には空胴が見られる。葉はモウソウチクよりも大きく、二〜三倍に近い大きさである。通直な稈の材部はやや薄いが強靭で、縦割りしやすい。割裂性《かつれつせい》や弾力性、耐久性などが大きく、可塑性も高いことから、編み作細工や工芸品の加工材料として最適である。数メートル伸びた頃に穂先を採って食用タケノコとして利用することができる。

▼用途…稈では盛り籠、屑籠、行李《こうり》、家具類、和傘の柄《え》、筆立て、物干し竿、箒《ほうき》の柄、床柱、額縁、箸、スプーン、物差し、提灯の骨、竹刀、壁小舞、垣根、尺八、などとして広く使われてきた。また、マダケの皮は紙質で薄く、曲げやすいことや通気性、抗菌性のあることなどから肉類、羊羹、鯖寿司などの包装材料として利用されている。

キンメイチク（金明竹）

▼特徴…マダケの変種であるが、芽子《がし》や枝のある芽溝部が緑色で、それ以外の稈や枝の表面は黄金色となっている。一部の葉に白い条斑《じょうはん》をつけるものも見られる。また、マダケの変種で芽溝部が黄金色でその他の部分が緑色をしているギンメイチクがある。いずれも年齢がかさむと相互の色が退色して明瞭でなくなるのが欠点である。形状はマダケとほぼ同じか、いくぶん小形である。

モウソウチク

マダケ

▼用途…観賞用もしくは庭園に植栽する。

モウソウチク（孟宗竹）

▼特徴…繁殖力が旺盛で、国内で最も大形のタケである。稈長は二〇m、胸高直径一五㎝を超すものもある。太さの割に節間長は短く、木質部は厚い。節は一輪状で新竹には純白をしたワックス状の粉がついている。平均サイズの稈一本に数万枚の小さい葉をつけている。材質は粗放でマダケに比べて弾力性が劣り、細工用の材料として適さないために、もっぱら建材として使うほか、稈をそのまま農林業用資材として利用することが多い。栽培林を大きく分けると竹材林とタケノコ採取林に二分でき、前者は粗放栽培で管理するがタケノコ採取林は集約栽培を必要とする。

▼用途…稈は荒削りの野菜籠や果物籠、花器に、枝は竹箒や垣根となり、清浄な葉はパンダの餌《えさ》として使われている。モウソウチクの最大の利用はタケノコで、ビタミン、繊維、タンパク質などが含まれている低カロリーのダイエット食品として好まれている。

キッコウチク（亀甲竹）

▼特徴…突然変異で現れたモウソウチクの変種である。したがってキッコウチク林内に先祖返りしてモウソウチクが現れることもある。節の異形は地上二m付近までの稈の節が亀の背中のように交互にくっつき、その上側の節に芽がついている状態になる。こうした異形状態がなくなると稈は急に細くなって正常なモウソウチクの形態に戻る。キッコウチクと似たものにブツメンチクと名付けられたものがあるが遺伝的に両者は同一のものである。

▼用途…亀甲の形態を利用するには、この部分を発生翌年に伐り取った後、油抜きを行う。磨いて飾り床柱や、細いものは杖として用いるほか、風変わりな花器などに使うこともある。庭園づくりの植え込み材料としても利用する。

キンメイモウソウ（金明孟宗）

▼特徴…モウソウチクの突然変異として現れたもので、国家指定の天然物として二カ所（宮崎県北川町、久留米市御井《みい》町）、県指定三カ所（輪島市縄又町、高知県日高町、大分県野津町）がある。稈長、胸高直径などの外部形態はモウソウチクと同一であるが、表皮は黄金色を基調とし、緑色の明瞭な縦縞が必ず芽溝部に見られ、各節間ごとに表裏交互に現れる。

▼用途…伐採すると緑色の部分が経年とともに退色する。造園用に植栽していることが多い。

クロチク（黒竹）

▼特徴…発生後二年目から稈や枝が自然に黒変するためにこうした名がついた。稈長は三～五m、地際付近の直径が三～四㎝になる小形の種である。

平坦地よりも日当たりと排水性のよい緩やかな傾斜地で生育がよいものの、数年後には稈表面の艶が劣化して商品価値が失われるため三年以内に伐採する。変種にハチク、ハンチク、トサトラフダケがある。

▼用途…数寄屋建築の戸当たり、天井の竿、小窓枠、はたきの柄、花器台、タオル掛け、その他に使われる。また坪庭の植栽用としても利用される。

ハチク（淡竹）

▼特徴…形態はほぼマダケと変わらないが、二輪状

ハチク

クロチク

の節の上側が丸みを帯びているほか、稈全体が蝋《ろう》質の粉をつけているため幾分白味を帯びて見える。耐寒性はマダケやモウソウチクよりも少しあるものの、雪や強風で裂けやすい傾向がある。クロチクの変種である。

▼用途…単位面積当たりの維管束数《いかんそくすう》が多く、材質は緻密で、縦割が容易なために茶筅《ちゃせん》として利用されている。稈は割って行李、文庫籠、家具に、丸竹では縁台や垂木《たるき》などに使うほか、箒の柄としても使っている。タケノコは甘味があって柔らかく、美味である。

ウンモンチク（雲紋竹）

▼特徴…クロチクの変種であるが、形状はハチクに似ており、稈の表面に褐色の斑紋がランダム状に現れ、独特の美しさを印象づけるため、ハチクの品種にもなっている。斑紋は成長直後にはなく数年後に明瞭となるため、利用する際は三年以降に伐採する。

▼用途…茶室の床柱、天井といった建築用の内装材や茶器、衣紋《えもん》掛けなどに用いるほか、庭園の植栽に

も利用する。

ヒメハチク（姫淡竹）

▼特徴…クロチクの品種で形状はほぼクロチクに類似している。節は少し高く、枝は稈に対してほぼ直角に出ているが、先端まで通直で、完満な稈が全体の姿にバランスを呼び込んで清楚な美しさを保っている。タケそのものが小形であることから、広い植え込みよりは坪庭や庭の片隅に植え込むのに適した種類である。

▼用途…造園材料のほか、小さなタケの盆栽にはうってつけの材料として楽しむことができる。最近は盆景にも利用されることが多い。

ホテイチク（布袋竹）

▼特徴…本州中南部以西の温暖な地域の湿気のあるところに生育している。稈長は八～一〇m、胸高直径四cm余りの中形のタケで、地際から稈の中部以下の部分の節間が短くなり、かつ節の下側が膨れたようになるのが特徴である。こうした部分の位置や形状が個体によって異なるところから五三竹（ゴサンチク）と呼ばれることもある。枝はタケ類の中で最も鋭角につき、比較的下方部にも存在する。葉は先端部が長く尖《とが》ったようになっている。生材は柔らかいが乾燥すると硬くなり丈夫である。

▼用途…乾燥して釣り竿のグリップ、杖のほか竹筆、竹笛、造園資材として用いる。タケノコはゆがくと淡黄色となり、柔らかで甘味があるため、生鮮タケノコや乾燥タケノコとして食する。

〈ナリヒラダケ属〉

中形のタケで、一節から三本の枝を出し、見た目の姿が美しく、タケの皮の離脱に特徴がある。日本と中国にそれぞれ五種が生育している。

ナリヒラダケ（業平竹）

▼特徴…西日本以西から四国や九州の河川敷で見られるが、今日ではむしろ関東方面の住宅の庭に植栽されていることが多い。稈長は七～八m、胸高直径四～六cmで、節間長が太さの割に長く芽溝部が浅いなど容姿端麗に見えることから、牧野富太郎は在原業平《ありわらのなりひら》に思いを馳せて命名したといわれている。枝の分岐数は三本であるが、枝そのものは長く伸びることなく、剪定すると本数が増える。本種は成長

が終わってもしばらく硬い皮をつけているのが特徴である。

▼用途…稈の緑色は数年後には褐色になるが、枝が短いことや葉が長いことから茶室の待合横や路地脇に植栽される。

〈トウチク属〉

中形の稈を有し、直径に比べて節間が長い。日本に一種があるほか、南アジアに数種が生育している。刈り込みによって枝数が増え、しかも枝は短い。

トウチク（唐竹）

▼特徴…稈長七〜九ｍ、胸高直径三〜四㎝の中形で、節は少し隆起している一属一種のタケである。節は二輪状で、上側は膨出する。節間は長く、枝は一節から三本出るが中央の枝が大きく、剪定すると二倍以上の分枝が見られ、その数に応じて葉の枚数も増えるために叢状《そうじょう》となり、枝づくりしやすいことから造園に用いることが多い。タケノコの発生は比較的遅い。耐寒性はかならずしも強くなく、折れやすいので寒風にさらされない場所に植栽する。

▼用途…造園用。

スズコナリヒラ（鈴子業平）

▼特徴…トウチクの品種で、トウチクよりも一回り程度小形である。新葉には黄色味を帯びた鮮やかな縦条が現れるが、後には白く脱色したように変色する。稀に稈にも条斑が見られる。見た目には葉が印象に残るほど美しいので玄関脇や庭に植栽し、枝を剪定して叢状の枝づくりを行う。

▼用途…造園材料として日陰地に植栽する。

〈シホウチク属〉

中形のタケで、秋にタケノコを発生し、角張った稈の下方部の節には硬い気根《きこん》をつけている。原産は中国で一属一種である。

シホウチク（四方竹）

▼特徴…稈の横断面が円形にならずに幾分角張った方形になっているのが特徴で、タケノコは秋に発生し、美味である。稈長は約五ｍ、胸高直径三〜四㎝で、稈の下方部の節には硬い気根が輪生している。枝は一節から三本で、枝の先端部分にある緑葉は垂れ下がり、冬季でも美しいことから坪庭や玄関脇に数本程度植えることが多い。

▼用途…稈はもろいので加工用には用いられず、もっぱら造園資材となる。

〈オカメザサ属〉

小形のタケで、日本と中国にそれぞれ一種が生育している。

オカメザサ（阿亀笹）

▼特徴…タケ類の中では最も小形で、ササ類と間違われることもあるが、一属一種のタケである。稈長は放置すれば二mにも達し、直径は三〜四㎜になる。稈は強靭でしなりやすく、短い枝を数本出し、その先端に葉を一枚ずつつけている。葉は被針形のずんぐりした形である。春に多くのタケノコを発生するので新稈を使って籠などをつくる。

▼用途…もっぱら造園用の根締め、生け垣、植え込みに使うほか、籠にも利用する。新年の十日戎《えびす》の祭りの際に飾り笹として使う。

単軸型ササ類（温帯性）　日本に六属

〈ササ属〉

小形または中形のササ類で、日本、千島、樺太、韓国などで三五種が確認されている。日本では本属をチシマザサ、ナンブスズ、アマギザサ、チマキザサ、ミヤコザサの五節に分けている。

チシマザサ（千島笹）、ネマガリザサ（根曲笹）

▼特徴…稈長は多雪地で四m、直径二〜三㎝にもなることがあり、斜面に対して伏状になってから直上する。極めて強靭で、稈の上部で枝を分岐する。葉はざらつき、大形である。造林地の本種の密生地は植栽木の成長を阻害することから問題となることが多い。

▼用途…タケノコは柔らかで甘いため、東北地方や長野県ではもっぱら食用として採取される。若い稈は曲げやすいのでザルや籠として編むために使われる。

チマキザサ（粽笹）

▼特徴…稈長は二mにも達し、本州の日本海側や北海道で大きな群落をつくる。葉は大きく、滑らかで、しかも柔らかいうえに通気性や防菌性が存在することから、粽《ちまき》、笹団子、鱒《ます》寿司など食品の包装材として利用している。

クマザサ

オカメザサ(垣根)

▼用途…利用されるのはもっぱら葉のみである。

クマザサ（隈笹）

▼特徴…冬季に葉の周辺が白く枯れたように隈《くま》どりができる典型的なササで、湿度の高い山地に見られる。稈長はそれほど高くならず一・五ｍ程度、葉の幅は長さに比べて広く、長楕円形状である。時折稈の上方部で分岐することがある。

▼用途…葉からの抽出物を医薬用に利用するほか、庭園の根締め、グラウンドカバー、和食の飾りや添え物として利用することが多い。

ミヤコザサ（都笹）

▼特徴…稈長は一ｍ余り、直径は五㎜ほどの小形のササで地際から稀に分岐する。節部は膨らみ、節間は長い。葉の裏側には軟毛が密生していて、冬季に葉の周辺に隈どりができる。稈はほぼ一年で枯れるが更新は盛んで、開花しても絶滅することはない。

▼用途…葉は家畜の飼料となり、放牧地とすることができる。

〈スズタケ属〉

通常は各節から一本の枝を出す中形のササ類。日本と韓国に各二種あるほかは中国に数種ある。

スズタケ（篶竹）

▼特徴…概して太平洋側の積雪の少ない湿度のある山地で見られ、稈長は二m足らずで直径五~八㎜程度のササである。稈は堅牢《けんろう》で折れ難く、少し紫褐色に見える。枝は先端部で数本に分岐する。葉はやや長大で厚く、葉身が三〇㎝近いものもある。表面は光沢が感じられるが裏面は灰白色となっている。また、葉の周辺には少し隈どりができる。

▼用途…若くて柔軟性の存在する間に行李の縁巻きや花籠、釣り竿の穂先として使う。

〈ヤダケ属〉

中形もしくは大形のササ類で、枝は稈の先端部の節から通常は一本分岐する。日本と台湾に各三種が生育している。

ヤダケ（矢竹）

▼特徴…稈長は三~四m、直径一㎝で、稈は丸くて艶があり、節高は低く、節間長が長い。また、芽溝部が浅いことや初年度枝分かれしないことから（二年以降は先端部で分岐する）矢に適しているとして昔から使われてきたため、この名がつけられた。材質は硬い。

▼用途…矢、団扇《うちわ》、籠、筆軸、釣り竿、笛のほか坪庭の植栽に使う。

ラッキョウヤダケ（辣韮矢竹）

▼特徴…ヤダケの変種。稈長は二~四mになるが、各節の芽のついていない側が膨れてラッキョウ状の形になる。上部ほど、こうした形態は消えていく。

このような形態のタケやササは他にないので同定しやすい。

▼用途…箸置き、釣り具、庭園の植栽に使う。

〈メダケ属〉

ササ類の中では大形になり、日本と中国に十数種が生育している。本属はメダケ、リュウキュウチク、ネザサの三節に分けている。

メダケ（女竹）、シノダケ（篠竹）

▼特徴…河川敷や湿地近くに群生しているため、よく見かける種である。稈長三m余り、直径二~三㎝で、節間長より短いタケの皮を常につけている。通常、密生しているうえに枝分かれが多いため、生育

カンチク（垣根）

ラッキョウヤダケ

地に入り込むことが困難である。稈は粘りが強く、加工しやすいため、ササ類の中では用途が広い。

▼用途…団扇、横笛、和傘の柄、筆軸、籠類、行李、軸掛け、提灯の骨、和風建築の壁下地、棚吊り竹、その他に使う。

〈カンチク属〉

節の膨らみが大きく、ササ類では中形で、秋にタケノコを発生する。海外には一〇種程度あるといわれている。

カンチク（寒竹）

▼特徴…稈は濃紫色もしくは濃緑色で、稈長は三〜五m程度、直径二〜三cmで葉はやや小さい。晩秋からタケノコを発生する。カンチクの品種にチゴカンチクがあるが、これはカンチクより小形である。

成長が終わった段階でタケの皮を除去して、日の当たる場所で寒風にさらしておくと、稈や枝が赤紫色になり観賞価値が一段と高まるため、数本を鉢植えにして楽しむことができる。稀に稈に緑色の条や葉に白い条が入ったものが現れる。

▼用途…家具、化粧窓格子、鞭《むち》、庭園に植栽する。

タケノコは美味で、もっぱら食用にする。

このほか、単軸型ササ類にはアズマザサ属があるが、主要な種がないため省略する。

連軸型タケ類（熱帯性）　日本に三属

〈ホウライチク属〉

熱帯性の中形から大形のタケ類で、葉は平行脈のみ。稈もしくは枝に刺をつけている種もある。本来はバンブーサ属と呼ぶべきであるが、日本ではホウライチク属という。東南アジアを中心に七〇種が生育している。

ホウライチク（蓬莱竹）

▼特徴…株立ち状で生育する亜熱帯性のタケで、国内では温暖な地域で栽培されている。稈長は六〜九m、胸高直径四㎝で、節間長は長く、一節から数本の枝を出す。放置しておけば外側に多くのタケノコを発生するため密生状態になり、遠望すれば扇形の叢状に見える。タケノコは初秋頃に発生する。増殖は挿し竹または株分けで行うことができる。

▼用途…竹笛、竹筆、編み物などに使うが、材質はよくない。境界や護岸用のほか生け垣、洋風庭園に植栽する。ホウライチクの品種には褐色系の稈に緑の条斑が入るスホウチクと葉に白い条斑の入るホウショウチクがある。

ホウオウチク（鳳凰竹）

▼特徴…ホウライチクの変種で形状はやや小さい。葉は葉身が五㎝ほどの大きさで羽状複葉となるために庭園に植えられることが多い。褐色の稈や葉に黄白色の条斑の入る品種としてベニホウオウが、また葉に白条のあるフイリホウオウチクがある。

▼用途…生け垣や庭園の植栽に利用する。

〈マチク属〉

デンドロカラムス属として知られているが、熱帯性タケ類ではバンブーサ属と同様に大形のタケ。バンブーサ属のような刺はないが大きな株立ちとなり、枝は一節から多数分岐する。日本ではマチクだけだが、東南アジアを中心として約三〇種生育している。

マチク（麻竹）

▼特徴…熱帯性タケ類のため株立ちとなる。大きさ

ベニホウオウ（生け垣）

ホウライチク

はモウソウチクほどだが、節間長は三〇～六〇㎝と長く、葉は大きい。国内では鹿児島県の南部以南で栽培していて、タケノコは初夏から秋にかけて発生する。東南アジアでは食用タケノコとして栽培している。

▼用途…生鮮タケノコ、水煮タケノコ、乾燥タケノコ（メンマ）として食用に供する。

〈シチク属〉

節間の中空はほとんどない。タケノコは初夏から晩夏に出る。芽溝は浅く、短い。一節からの枝数は多いが、その一部は枝に、他のものは刺になる。葉の格子目が不明確である。

シチク（刺竹）

▼特徴…バンブーサ属に属している熱帯性のタケで、マダケ程度の大きさになる。枝は一節から二～三本の太い枝と数本の細い枝を出し、節には鉤《かぎ》状の刺がある。枝の空胴は小さい。亜熱帯地方に分布しているが鹿児島県では栽培している。

▼用途…稈は丈夫なため筏《いかだ》、建築材、籠などに使う。

（竹資源活用フォーラム）　**内村悦三**

鹿児島にみる竹資源と用途別竹材利用

鹿児島県の竹資源の状況

鹿児島県は、都道府県別にみて全国一である一万六〇〇〇ha余りの竹林を有しており、これは全国の竹林面積（約一五万六〇〇〇ha）の約一〇%、県内の民有林面積（約四三万五〇〇〇ha）の四%弱にあたる。

全国の竹林の分布を見てみると、鹿児島県に次いで竹林面積が大きいのは大分県で一万三〇〇〇ha余、次いで福岡県、山口県、熊本県と九州を中心とする県が上位を占めており、六位の島根県、七位の千葉県までで全国の面積の約半分を占めている（林野庁資料）。

地域別に見ると、図（51頁上）に示されるように、九州が全国の四〇%余を占め、中国が二〇%、これらに四国まで合わせると七〇%近い割合となっている。

鹿児島県の竹林面積を竹種別に見ると、表（51頁下）に示すように、モウソウチクの七六九二haが最も多く、次いでカンザンチクの四三七四haとなっている。ここでいうカンザンチクの大部分は、三島村および十島村を中心に分布しているリュウキュウチクである。このほかに県本土南部に同属のカンザンチクおよびタイミンチクが分布しており、この三種類の竹を本県では大名竹（ダイミョウダケ）とも呼ぶ。表のカンザンチクはこれら三種の竹の合計面積である。そのほかに、ホテイチク一九六八ha、マダケ一三〇九haなどが、比較的まとまった面積を有している。

表のデータは、鹿児島県による民有林の地域森林計画樹立のための調査を基に算定されたものであることから、生け垣や屋敷林など森林計画地域でない場所の竹は含まれていない。また、県内には約一五万二〇〇〇haの国有林（官行造林地を含む林野庁所管分）が存在するが、そのうちの竹林は三〇ha

図　全国の竹林分布（面積比）

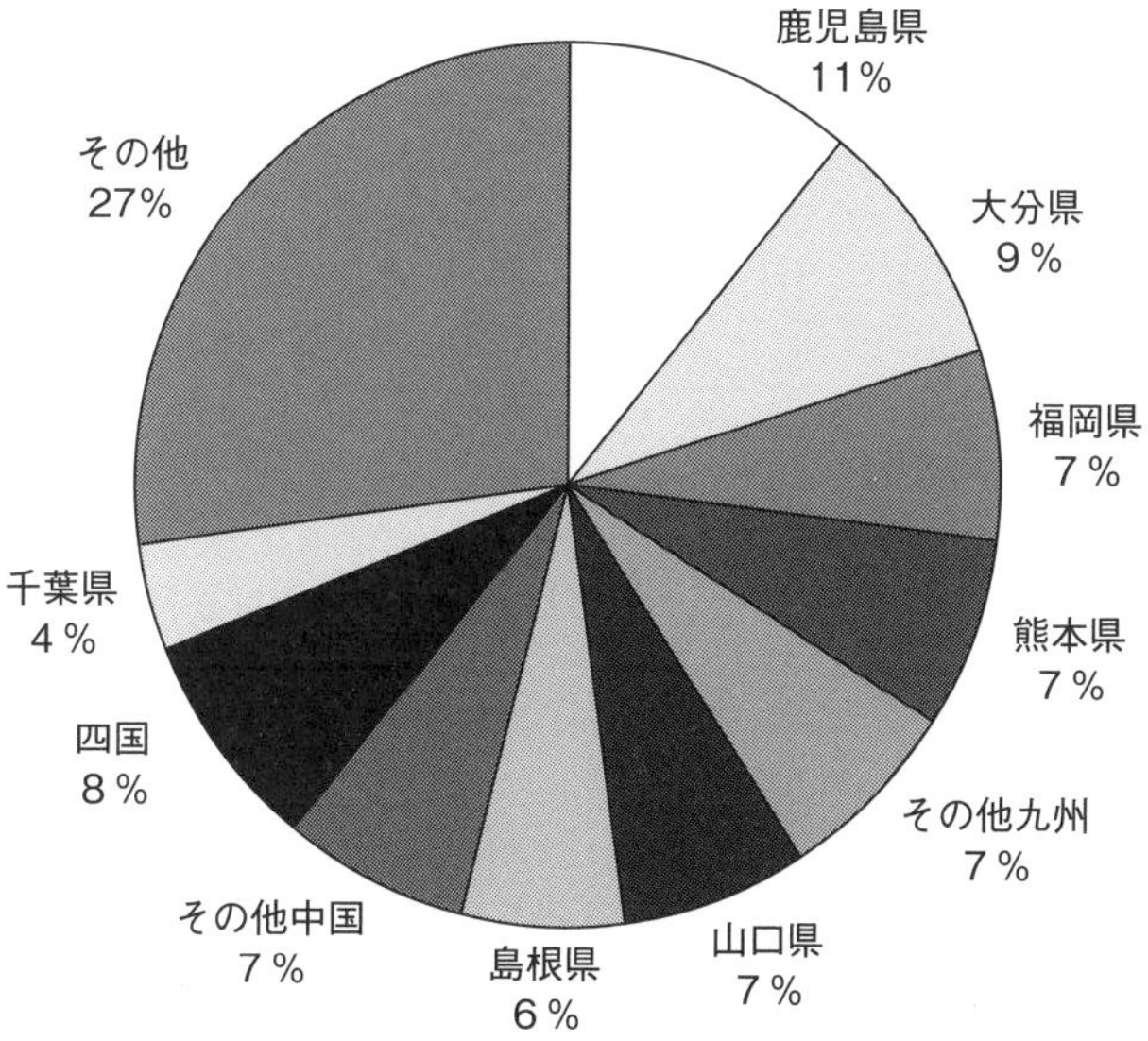

表　鹿児島県の竹林面積

（2007年、単位：ha）

竹の種類	面積（比率％）	備　考
モウソウチク	7,692（ 47.9）	
カンザンチク	4,374（ 27.2）	リュウキュウチクを含む
ホテイチク	1,968（ 12.2）	
マダケ	1,309（ 8.1）	大島地区の南方系の竹 68ha を含む
メダケ	727（ 4.5）	
合　計	16,071（100.0）	

鹿児島県林業振興課資料（鹿児島県地域森林計画）
小数点以下を四捨五入した結果、合計が一致していない

程度となっており、竹林の大部分は民有地にあるということになる。

県が作成した地域森林計画のデータを基に、一九八九年からの竹林面積の推移を竹の種類別に示したのが左の図である。

竹種別のデータがある一九九〇年度から二〇〇七年度までの一八年間で、県内の総竹林面積は一万五六九一haから一万六〇七一haへと、三八〇ha（約二・四％）増加している。これを竹種別に見ると、モウソウチク林の面積は、一九九〇年に七二二七haであったものが、二〇〇七年には七六九二haと四六五ha増加している。この間、モウソウチク以外の竹林は八四六五haから八三七九haへと八六ha減少している。

ただし、これはカンザンチクの一部（一八〇ha程度）が二〇〇六年度に国（財務省）の所管に移行した影響があり、実質的には一〇〇ha程度の増加と考えることができる。これらのことから、竹林面積の増加は主にモウソウチク林のそれによるものということができる。

竹林面積の増加に関しては、二〇〇二年頃から問題になり始めた「侵入竹林」との関連が想起される。いわゆる侵入竹林については、はっきりとした定義もないことから、その範囲や増加量を確定することは困難である。ここで詳細に触れることはできないが、本県内においても各地の竹林で侵入実態等を調査したいくつかの事例により、竹林が拡大している状況が裏づけられている。

にもかかわらず、図に示されているように、ここ数年、竹林面積全体は減少する傾向にある。このことから、地域森林計画で示される竹林面積は、「侵入竹林の増加」を直接的には示していないことがわかる。これは、林地開発等による減少に加えて、林地以外の畑や宅地等に竹が侵入したものは原則として竹林面積にカウントされないということと、人工林等に侵入した場合でも、樹木が伐採されるなどの林業活動が行われるか、ほとんど枯損して竹が主林木にならない限り、そこの林分が竹林としてはカウントされにくいことなどの影響によるものと考えられる。

図　鹿児島県の竹林面積の推移

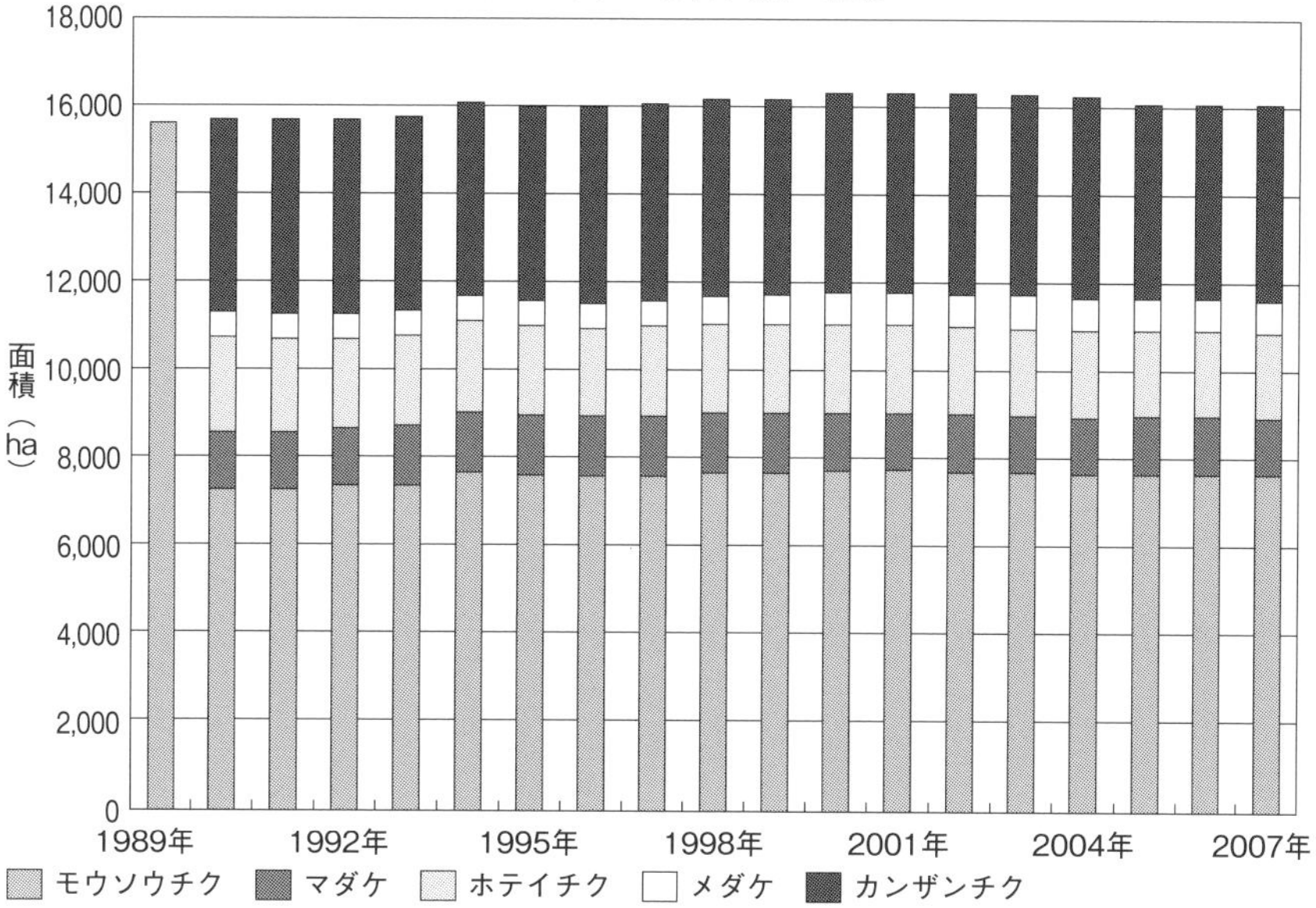

竹材生産の推移

鹿児島県の、二〇〇七年における竹材生産量は、約四二万六〇〇〇束（一束を三〇kgとして重量換算するとおよそ一万二八〇〇t）である。これは全国一の生産量であり、同年の全国生産量一一四万三〇〇〇束の三分の一強を占めている。しかしながら、一九八九年からの推移を示した図（54頁）からわかるように、鹿児島県における竹材生産量は、一九九一年から一九九八年頃まで減少の一途をたどった。ここ数年は横ばいの状況であるものの、一九八九年の二二四万束と比較して五分の一前後に落ち込んでいる。

同じく生産額については、一九八九年には一一億九一〇〇万円であったが、二〇〇七年には八七〇〇万円と、一〇分の一以下に落ち込んでいる。生産量の落ち込みと比べてさらに大きく落ち込んでいるのは、後述するように用途の変化が大きく影響しているからである。竹種別に見ると、生産量の大部分を占めるモウソウチクの減少が当然ながら

図　鹿児島県における竹材生産量の推移

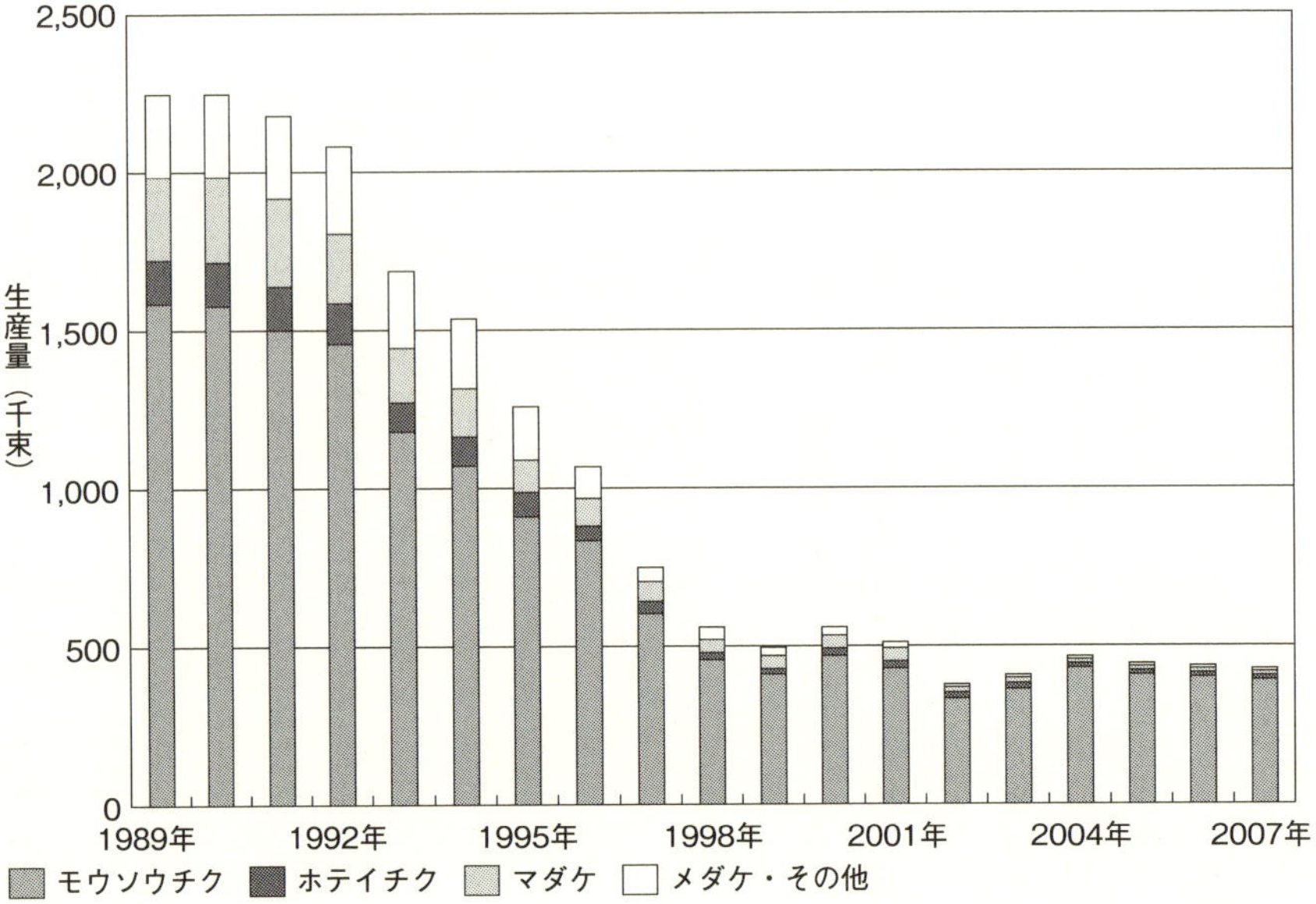

最も大きくなっている。それと同時にモウソウチク以外の竹材の生産が、特に二〇〇二年頃からほとんど消滅しつつあるに等しい状況にある。

竹材生産のピークは、一九六八年の三二四万束を頂点とする一九六〇年代後半から一九七〇年代前半であるが、いったん生産量が落ち込んだ後、一九八八年の二二七万六〇〇〇束を頂点とする一九八〇年代のピークもあった。

一九六〇～七〇年代の需要を支えたのは、真珠やノリ養殖などの水産業用と、スダレや樽《たる》帯用の割り竹、ホテイチクの釣り竿の輸出、メダケなどの建築用材料であった。また、一九六〇年代後半に入り、マダケの開花枯死が全国的に起こったことから、マダケの材料不足により、モウソウチクへの材料転換が起こったことも、モウソウチク林面積の大きい鹿児島県には有利に働いたと考えられる。

その後は、真珠養殖、スダレ材料等が代替品に替わっていったことや、釣り竿の輸出の減少などで、竹材生産量は減少していった。電卓の普及により計算尺の工場が閉鎖になるなど、この時期の竹材需要の減少は、主に代替材の進出と生活様式の変化にその原因があったと考えられる。

一九七七年に一七五万束にまで減少した竹材生産量は、「鹿児島県林業史」の記述によれば、「高級竹製品の創出等もあって」、一九八四年に再び二〇〇万束台に回復し、一九九二年まで維持していた。この記述が示す具体的なものとしては、竹ツキ板の開発、継ぎ竿などの付加価値の高い釣り竿の輸出、高級花器製品の需要増加などであった。

この一九八〇年代のピークに関しては、製品開発が進んだということのほかに、他産地での生産が減少する中で、鹿児島県が竹材・竹製品の供給基地として残り、別府等の県外へ盛んに移出されたという側面もあるものと思われる。

竹材利用の状況

鹿児島県林業振興課の資料によれば、二〇〇七年に県内で生産された竹材を用途別に見ると、全生産量四二万六〇〇〇束のうち、パルプ用がおよそ半分の二二万三〇〇〇束を占めている。次いで農林水産業用が七万九〇〇〇束、工芸用が六万九〇〇〇束となっており、そのほかは竹炭、その他（土木用など）の用途に向けられているものと推定されている。

一九九四年に、鹿児島県における竹材の生産・流通・加工の分析に関する調査報告が、鹿取らによって発表されている。それによると、一九九二年の鹿児島県における竹材供給量二〇八万八〇〇〇束を用途別に見ると、加工用が六五万一〇〇〇束で最も多く、次いで農業用四七万七〇〇〇束、建築用二九万八〇〇〇束、漁業用一六万八〇〇〇束などとなっている。加工用を二〇〇七年における工芸用に、農業用と漁業用の合計六四万五〇〇〇束を同年における農林水産業用に読み替えて比較すると、それぞれ九～八分の一に減少していることになる（図56頁）。

一九九二年時点で建築用が三番目に多い用途であったことからもわかるように、竹は土壁に入れる木舞竹やフローリングなど、建材としても使用されていた。しかし、木舞竹は建築様式の変化により使用

図　竹材の用途変化

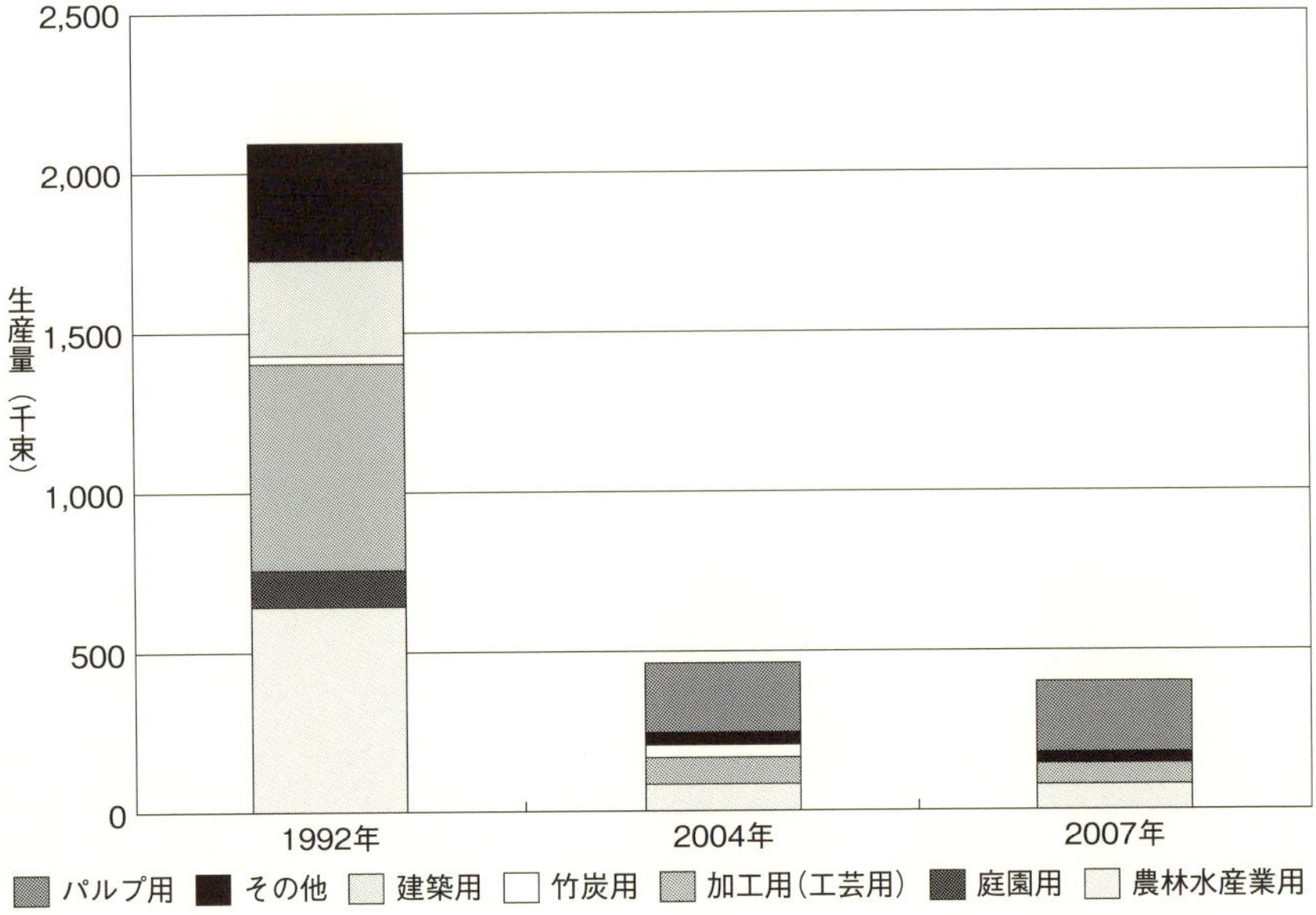

されなくなり、フローリング材はコスト上の制約から他材料との競合に勝てず需要が伸びなかった。建築材料以外にも、物差しや測量用ポール、釣り竿や物干し竿、集成加工した家具・工芸材料やスポーツ用品などさまざまな物に使用されていた。これらの用途には、現在ほとんどがプラスチックや金属など他の材料が使用されている。また、もっと身近な日用・雑貨類として、スダレや籠・ザルといった編み組み品、箸やしゃもじ、焼き鳥の串などもあるが、それらの多くは同じように他の材料で置き換えられたり、安い輸入品に押されたりして、国内生産が激減している。こうした中で、現在でも竹が使われ、県内で生産が行われているものについて、それぞれの状況を見てみたい。

竹パルプ

現在、最も需要が多いのは竹パルプ原料としての用途であるが、鹿児島県内で竹がパルプ用に利用され始めたのは比較的最近のことである。二〇〇一年に薩摩川内市にある中越パルプ工業川内工場で試作が行われ、その後、竹パルプを用いた紙が製品化さ

竹細工教室における課題作品を展示（鹿児島県さつま町の宮之城伝統工芸センター）

れた。

中越パルプ工業では、今後とも継続して竹パルプおよび竹パルプ入りの紙製品の製造に取り組んでいくとしており、現在の集荷量よりもさらに増加させたい意向を持っている。ただし、外国産チップとの価格競合や原油コストの不安定など、経営上厳しい状況もあることから、竹チップの買い取り価格の引き上げ等、竹林所有者や竹材生産者の生産意欲を向上させるような状況はすぐには望めないであろう。

工芸品

県内で生産される竹工芸品は、生産者数や生産量は減少してきているものの、現在でも相当多彩である。代表的なものとしては、モウソウチクの竹稈をそのまま生かした花器、籠やバッグなどの編み組み品、および漆器などが挙げられる。これらの比較的高級感のある竹工芸品は、ほとんどが県外向けに出荷されており、県内で身近に見かける機会はあまり多くない。

一方、比較的安価な日用品であっても、技術力に優れ丁寧なつくりの竹製品は、消費者の安全・安心指向もあり、輸入品より高い値段であっても、安心できる国産品として需要が高まりつつある。これらの竹製品の原料となる竹材は、かつては県内で生産されたものが多かったが、現在では、工芸用に使える素材を安定して供給できる原竹生産業者が県内にほとんどいなくなってきたことから、県内産の竹であってもいったん県外に出て一次加工されたものが供給されているという状況もある。

農林水産業用

一九九二年当時、農業用および漁業用の竹材は、ほとんどが県外への移出であった。かつては、有明海のノリや各地のカキ養殖用に、竹が大量に使われていた。また、ブリ等の養殖用大型生け簀《す》としての利用もあったが、これらの多くが、グラスファイバーやプラスチックなどの材料で置き換えられている。農業用としては、支柱やハウスの骨材などに用いられていたが、これらもプラスチック等の製品が竹を代替している。このような代替材による置き換わりは、同じ規格のものを、いつでも大量に供給できる工業製品の特質が、竹に勝っていることによるものと考えられる。

竹炭・竹酢液

鹿児島県内で竹炭が工業的規模で生産され始めたのは、一九九三~四年頃からである。一九九五年以前の推移は明らかではないが、一九九六年以降の生産状況については図(59頁)に示すとおりである。

一九九六年以降は若干の変動はあるものの、比較的コンスタントな生産を示していた。二〇〇四年以降減少したのは、統計区分上、竹粉炭が別項目に移行したことによる分もあるが、公共事業の縮小に伴う県内需要の減少も影響している。

二〇〇一年には、「協同組合ケトラファイブ」が、国の補助事業を導入して立ち上がり、建築用竹炭ボードの製造が始まった。県産竹炭と古紙を用いて製造されるボードは、韓国の高級マンション向けの輸出や、シックビル症候群が問題となっている学校の内装材などへの利用がはかられている。

鹿児島県の竹炭・竹酢液の生産量は、ここ数年全国二~六位であり、竹林面積や竹材生産量の割には、かならずしも多いとは言えない。これは、安定

割り竹の竹炭（鹿児島県日置市の日の丸竹工）

図　鹿児島県の竹炭・竹酢液生産量の推移

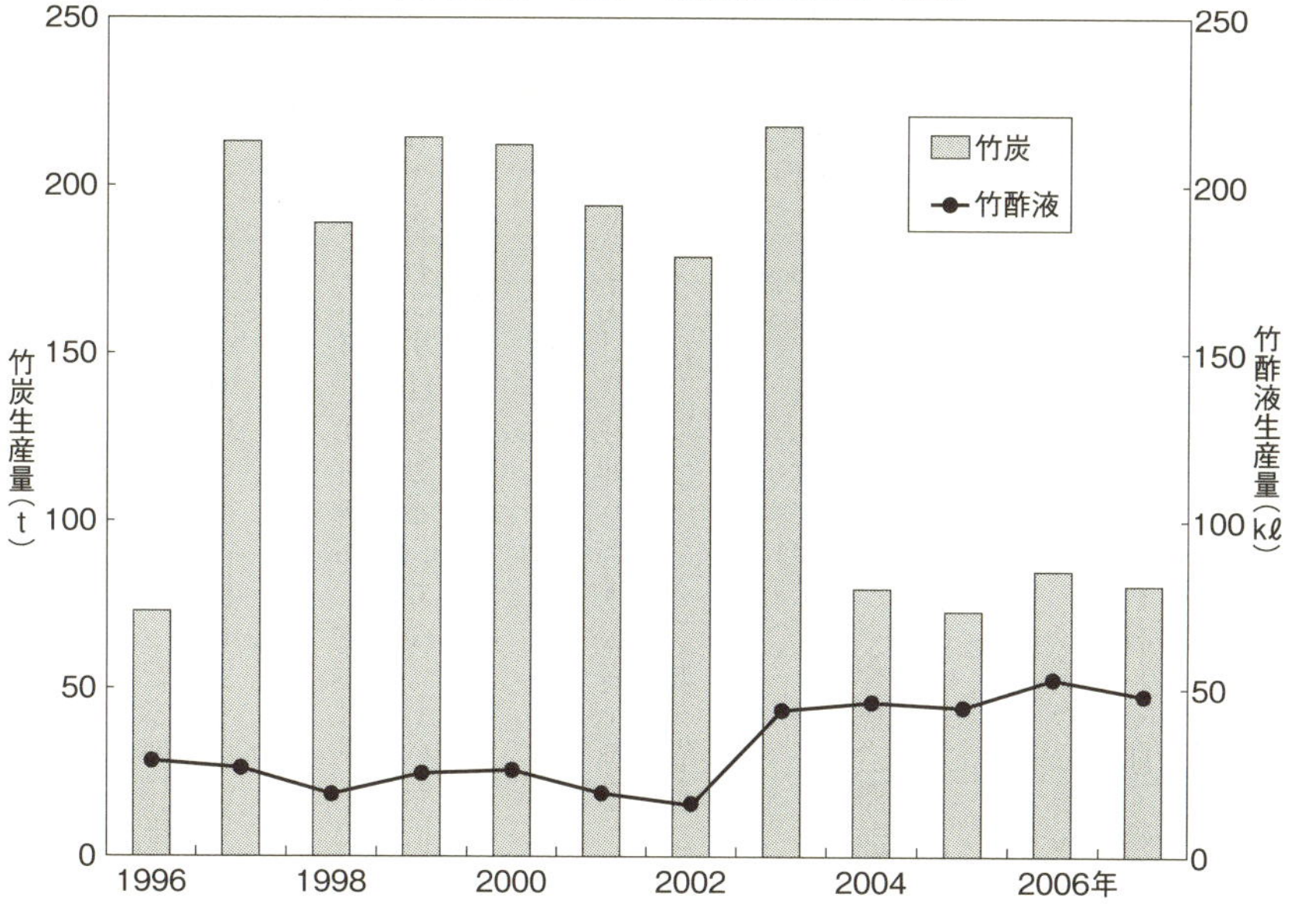

した需要先が少ないことが主な原因のひとつとなっており、竹炭・竹酢液の特性を生かした用途開発と需要開拓が大きな課題である。

その他

最近の利用方法の中で、「古くて新しい用途」として注目されるのが、土木用資材としての竹ソダロールおよび竹ソダパネルへの利用である。

竹ソダロールは、竹稈の細い部分や割り竹などを束ねて麻布で巻き、その外側に割り竹を並べて長い円筒状に仕上げたもので、透水性を持つため、土木

竹炭ボードの施工例(小学校教室の天井)。写真・協同組合ケトラファイブ

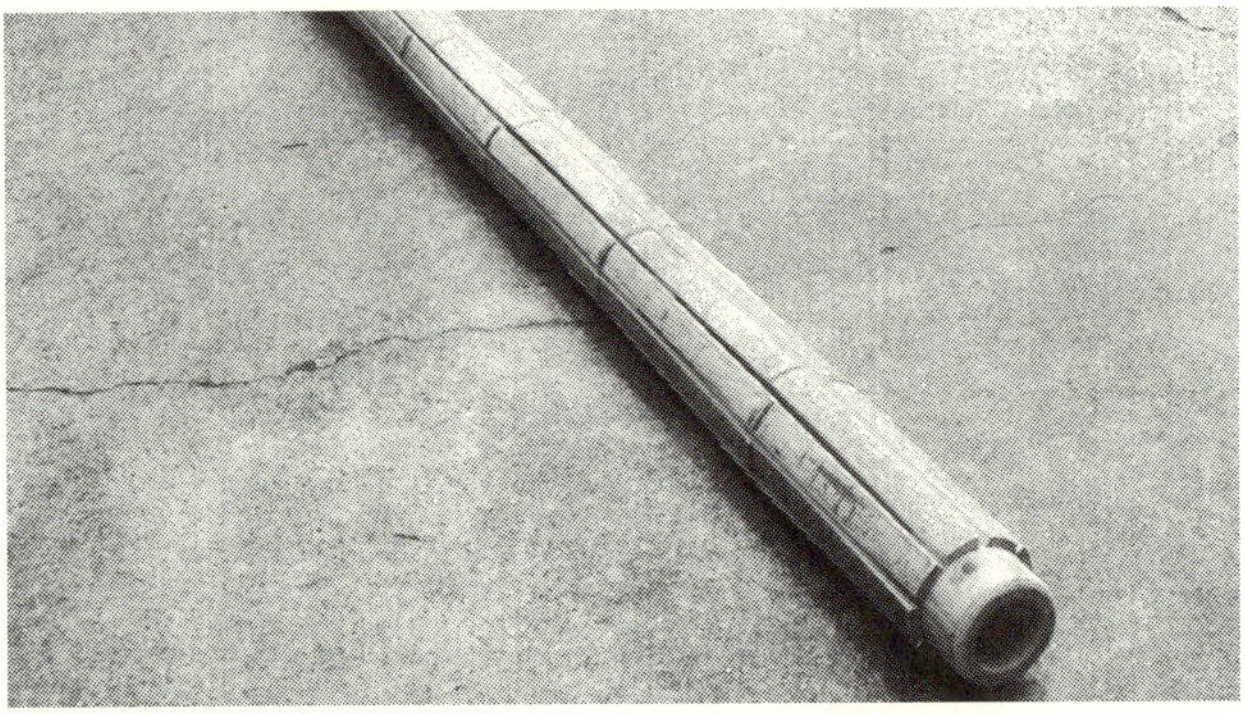

暗きょ用竹ソダロール(ジョイント部に間伐材使用)。写真・ソフトウェイ

竹ソダパネル。写真・ソフトウェイ

工事の法面《のりめん》（土留め）や暗きょ材として使用できる。また、竹ソダパネルは、竹の枝材を木や竹の枠材で挟んでパネル状に仕上げたもので、竹垣、防風垣、堆砂垣などに使用できる。竹ソダパネルは、竹ソダロールの残材を利用し、竹材を無駄なく活用できるメリットがある。

今のところ公共事業等への使用が主であるが、地元の企業で製作されており、製品のバリエーションもいろいろと検討されていることから、今後の伸びが期待される。

竹資源活用に関する課題

これまで述べてきたように、竹林や竹材利用を取り巻く環境は、大変厳しい状況にある。竹林の放置・拡大も、直接的には、竹材やタケノコの生産の場としての竹林活用が、バブル景気の崩壊とほぼ軌を一《いつ》にして急激に縮小してきた結果であると捉えることができる。それは、他の多くの産業と同じく、生産拠点の海外移転により国内生産が減少し、安価な輸入品が増大した結果である。もちろん、そこに至る前段階として、生活様式の変化や、石油製品などによる代替材の登場、中国や東南アジア諸国の経済発展、竹林所有者やタケノコ、竹材、竹製品の生産者の高齢化および減少などが徐々に進行していたことも重要な要素であろう。

こうした中で、再度竹資源の活用を進め、山村地域を活性化していくことは決して容易なことではないが、今後必要と考えられる事項を筆者なりに整理してみた。

担い手づくりと竹林管理モデルの構築

最も重要なことは、生産の担い手をどう確保していくかという点にあるのではないかと考える。とりわけ、従来生産を担っていた農林家（竹林所有者）そのものの後継者を確保することが、現状では相当困難であると考えられることから、それに代わって生産を担うことができる主体をいかに見つけていくかが重要であろう。すなわち、竹林経営や管理の新しいモデルを確立していく必要がある。異業種からの参入や、都市住民の参加（ＮＰＯ活動、オーナー制度など直接的なものから、環境税など間接的なものまで）も視野に置く必要があろう。

竹材の新しい用途の開発と竹の復権

現状では、大量消費型の生産は必然的に国外への依存が高まることになる。しかし、良いものを少量つくれば、現在でも国内生産のほうが有利な面がある。要は製品づくりに知恵を出し合うことであり、そのようなことを継続的に行える場がつくられることが求められる。

今後とも竹製品の需要を確保し伸ばしていくためには、竹に対する日本人の愛着といったものを改めて喚起し、竹の復権を果たす必要がある。ただし、それは昔から使われてきたものを再び使おうというような安易な復古ではなく、竹の特性を生かした用途開発によって進められていくべきである。従来の竹製品は、輸入品の大量流入によって、安いものだというイメージが定着している恐れがある。そうしたイメージを払拭《ふっしょく》できるような製品づくりや販売方法の構築が求められる。

竹および竹林の資源としての質の高度化

「質の高い資源」というのは、「利用しやすい資源」ということである。かならずしも材質的に優れているということではない。もちろん、質の良い材料が供給されることは、良い製品づくりには欠かせない。

一方で、バイオマス利用を考える場合には、何よりも量がまとまるということが前提である。すなわち、用途に応じた供給体制が整備されなければならず、このことは非常に困難を伴う。

かつては竹材生産林とタケノコ生産林とは明確に区別され、それぞれに応じた竹林管理というものが考えられていた。いずれの竹林も放置されるところが増加してきた現在、竹林をどのような形で利用していくのかを再度明確に区分したうえで、それぞれに応じた管理と伐竹・出材が行われることが、竹資源の質を高めることになる。

竹林の総合的活用の推進

一方で、材質は別として、ある程度まとまった量を処理していかなければ、竹林の管理は進まない。バイオマスとしての可能性を追求していく必要性は高いと思われる。その一端としてのパルプへの利用は、製紙会社が望む価格で望むだけの量を集荷できるところまでには至っていない。竹材集荷の多くの部分は、竹林所有者の自家労働により、タケノコ生産のために必要な伐竹により出た材を持ち込むという形でかろうじて成り立っている。出材をさらに増やすためには、例えば集荷コストを大幅に削減するなどの策を考える必要がある。

バイオマス利用には五つのFという区分があり、付加価値の高い順に利用（カスケード利用）するべきものとされる。すなわち、Food（食用）、Fiber（繊維）、Feed（飼料）、Fertilizer（肥料）、Fuel（燃料）の順である。竹もこれら5Fのいずれにも活用することができ、それぞれに技術開発の要素が残されている。下位に行くほどコストとの競争が激しくなることから、竹材も「いずれか」ではなく、総合的な形で利用することが望ましい。

整備されたモウソウチクの竹林

竹の活用は、この5Fにさらに二つ加えて七つのFで行うことができると考えられる。そのひとつは5Fの上位に置くべきもので、Facilities（便利な道具、装備品）である。竹を材料として、身の回りのさまざまな便利な道具、価値のある品物をつくり続ける必要がある。もうひとつは竹林をField（場）として活用していくということである。現在試みられているオーナー制度やＮＰＯ活動によって、竹林は山村と都市住民との交流の場であり、子供たちの学習の場、定年後の再挑戦の場、癒しの場ともなりうることが証明されつつある。

（鹿児島県森林技術総合センター）**森田慎一**

第2章

エコ素材としての竹のバイオマス利用

モウソウチクをチップ状にする

中越パルプ工業の社会的取り組み

鹿児島県の竹林

鹿児島県は日本でも有数のタケノコ産地で、二〇〇七年の生産高は四七八四ｔであった。竹材の生産高も、四〇万束に上る。中でも中越パルプ工業川内工場の立地する鹿児島県北西部は、広大なモウソウチク林があり、タケノコ生産が盛んである。

タケノコは、五年生までの親竹からの生産性が高く、鹿児島県は、生産者に対して、五年生以上の親竹を伐採することが生産性の向上につながると指導している。

理想的なタケノコ生産林では、一～五年生までの親竹が各二〇％ずつ存在するのが望ましい。五年生以上の親竹を伐採することによって、竹林の成長サイクルが順調に循環し、持続的な竹林経営が可能となる。

このような竹林経営を目指すには、従来、伐採後は林内に放置していた親竹に付加価値をつけることである。それが生産性の向上による経営安定化や、竹林の改良や整備につながる。このため、鹿児島県は、竹の有効利用について模索していた。

中越パルプ工業川内工場では、このような地域性に注目し、地元の要請にこたえるかたちで従来輸入品が主であった非木材パルプを、地元タケノコ生産林から発生する竹に切り替えることにした。現在、竹パルプを使用した「環境に優しい紙」の生産に取り組んでいる。

鹿児島県と薩摩川内市周辺の竹林面積を比較すると、全国的に竹林面積の広い鹿児島県内でも、薩摩川内市周辺の竹林の多さがわかる。モウソウチクに限ると、薩摩川内市周辺だけで県内全体の七五％の面積を占めていることが読み取れる。

パルプ原料となった竹

平均的なタケノコ生産林におけるモウソウチクの

蓄積量は、一ha当たり三〇〇〇本、重量で約九〇tである。竹一本は約三〇kgで、この竹から紙が約七kgできる。したがって、一ha当たりでは約二〇tの紙ができる。川内市周辺のモウソウチク林をすべてタケノコ生産林として利用することは非現実的だが、毎年二〇％の五年生以上の親竹を伐採すれば、最大限の生産が継続的に確保できる計算となる。

九〇t／ha × 五七〇〇ha × 二〇％／年 ＝ 一〇万t／年

現在のところ、タケノコ生産林の正確な面積は不明であるが、低く見積もってモウソウチク林の五〇％がタケノコ生産林だとすると、年間約五万tの竹が紙の原料として利用できる。

竹類は成長力が大きいので、二〜三カ月で成体になるが、竹林を皆伐すると全体が枯死してしまう。いったん、枯死してしまうと、竹林の再生には長い年月を要する。再生可能な竹林を維持していくには、コストのかかる択伐を継続して行わなければならない。このような理由で、最も身近で成長力の大きい竹が、国内で紙の原料として利用できなかった。

中越パルプ工業川内工場付近には、竹林維持のために五年生以上の親竹を択伐しているタケノコ生産林が身近にあった。従来、伐採後に山林内に放置していた竹を、紙の原料として利用することで、国内ではほとんど行っていなかった竹パルプの利用が可能になった。

択伐以外にコストが問題となるのは、輸送である。竹は他の木材とは違い、中身が空洞であり、輸送効率が大変悪い。この空洞のため、竹は木材に比べてチップ工場までの輸送費用が三倍もかかってしまう。

当初、工場が経費を負担して、伐採から輸送までを行ってみたところ、非常に高くつくものになってしまった。竹を山元まで取りに行くと、チップ工場に運ぶ段階で、紙の原料としては非常に高価なものになるのである。

そこで、出荷者の農家自身がチップ工場へ竹を運搬するシステムを構築した。工場は、竹を有償で引き取っている。現場でチップにしてしまうとさらに効率が上がるが、川内ではまだ行っていない。

鹿児島県やタケノコ生産組合の協力で宣伝をし、新聞の折り込み広告を出した結果、地元タケノコ農家が択伐した竹を持ち込むようになった。多い日には、農家が軽トラックで何十台分もの竹を工場に運び込む。現在では、土木工事の際に伐採する竹なども集まるなど、広範囲から集めた竹を原料としている。

全体として、年間一万tの竹が集まっている。これを竹林の面積にすると五〇〇haにあたる。中越パルプ工業の紙の生産は年間九〇万tであるため、受け入れ側の能力として問題はないが、竹だけを原料とした製品をつくるには現在の設備は大きすぎる。配合率を高めるだけでも、一定量の竹が集まるまでストックしなくてはならないため、それもコストアップの要因となってしまう。

竹をチップ化する

竹は中身が空洞であるため、チップ化する生産効率は非常に悪い。竹の表面が硬いためチッパーの刃の劣化も激しく、時間とともにスリーバー（細長い剥《は》ぎ片屑）の発生量が多くなる。特に表皮の青い部分はスリーバー化しやすく、スクリーンを通過してチップに混入しやすい。

紙を生産するためのチップは、縦横の長さが五〇㎜程度、厚さは五㎜程度である必要がある。長すぎたり、細かすぎたりすると、機械で処理するのが難しくなる。

表（71頁上）に、竹のチップ歩留まりとチップサイズの関係を示した。

工場では、対策として刃替えの頻度を増やして、スリーバーの発生量を減少させている。竹チップの大きさが全体に小さく、通常のスクリーンを全面使用しなくてもサイズの大きすぎるチップを選別できていることから、スリーバーの混入を防ぐために、スクリーンの入り口から四分の三をコンパネでふさぐことで対応している。

生産効率は、通常の木材に比べると不利であるが、チップ工場の徹底した品質管理で、良質な竹チップの集荷が可能となった。

竹チップを入れるサイロ

中越パルプ工業の川内工場

竹チップの集積場

竹パルプの製造ライン

竹パルプの積載

竹チップを蒸解する釜

竹パルプの特性

竹は蒸解性が広葉樹に近く、パルプ収率はやや低い。竹パルプは、繊維の長さがかなり長いイメージがあるかもしれないが、工場の検査によると、針葉樹と広葉樹の中間にあることがわかった。繊維の長さが中間であることで、さまざまな紙に配合でき、パルプ強度についても同じく中間にある。また、緊度が低くてかさが出やすいこと、吸油性に優れているなどの特性がある。

表（71頁中）は工場で行った竹チップの蒸解試験結果である。また、表（71頁下）には、通常のパルプとして使う針葉樹と広葉樹のデータとともに、竹パルプの品質を示した。

竹パルプを紙に配合する

中越パルプ工業川内工場は、塗工紙、上質紙、特殊紙、クラフト紙などを生産し、日産八五〇ｔの能力がある。技術的には、竹一〇〇％のパルプ生産ができ、竹一〇〇％の紙も試抄《ししょう》できた。竹パルプと、木材パルプや古紙パルプとの組み合わせでもまったく問題がなく、さまざまなユーザーのニーズにこたえうる竹入り紙を生産することができる。

現在のところ原料となる竹チップの集荷量が三〇〇BDT／月程度と少量であるため、竹の配合率は一〇～二〇％、多くても三〇％までが現実的である。さまざまな竹入り紙を抄造しているが、基本的に抄造条件は通常品と大差がない。コスト面では、自製竹パルプは通常品に比べチップ化までの費用がやや増えるが、輸入竹パルプに比べると大幅にコストが削減できる。

非木材繊維を利用した竹入り紙の封筒は、「せんだいカラークラフト」として、県庁などでも利用している。木材繊維の利用を減らすことで、森林の保護にも役立っている。

見た目が普通の封筒と変わらないため、いかにアピールして需要を増やしていくかが、今後の課題である。独自のマークをつけるなどのアイデアが求められる。

竹パルプを配合した紙は、地元で原料調達から一

表　竹チップ歩溜まりとチップサイズ

	経級	チップ歩留まり	チップサイズ		
			31.8㎜超	31.8 ～ 4.8㎜	4.8㎜以下
丸太チッパー	12㎝以上	88.7%	1.0%	98.7%	0.3%
背板チッパー	10～12㎝	90.6%	2.7%	96.4%	0.9%
背板チッパー	10㎝以下	90.4%	1.4%	97.6%	1.0%

注）テスト材はモウソウチク

表　竹チップの蒸解試験結果

容積重		kg／㎥	575
蒸解試験	ＡＡ添加率	%	16.0
	カッパー値		16.5
	白色度	Hu%	28.1
	精選収率	%	44.2
	ノット率	%	2.4

表　竹パルプの品質

	単位	竹	針葉樹	広葉樹
繊　維　長	㎜	1.76	2.96	0.85
比引裂強度	mN	1150	1280	900
緊　　　度	g／㎤	0.59	0.67	0.60
吸　油　度	秒	1.5		4.0

竹入りの大形紙コップ

竹入り紙の封筒「せんだいカラークラフト」

竹入りの紙コップ

貫した生産体制を整えることができたことで、地域性を生かし、環境にも貢献できる製品となった。

今後の可能性

中越パルプ工業川内工場が地元産竹入り紙の生産に取り組んだのは一九九八年からである。今のところ竹の集荷地域が限られていることや、竹林改良が今後も進むことを考えると、竹の利用量は増える余地がある。

また、竹パルプでつくった紙の需要を増やすことが重要である。既存の製品をさらに多くの人に知らせ、使ってもらうとともに、新しい商品開発を行うことも大きな課題である。

（中越パルプ工業）**近藤　博**

日の丸竹工の竹バット

野球練習用竹バット

野球に使われるバットには、木製と金属製があることは周知であるが、他にもカーボンファイバー（炭素素材）と竹製がある。竹バットで日本一の生産量を誇るのは、鹿児島県日置市伊集院町にある、創業して六一年の老舗竹製品メーカー、日の丸竹工㈲である。

日の丸竹工の竹バットは、一時期は全国シェアの七～八割を占めていた。最近では中国産の竹バットも増えてきているが、耐久性などの面で問題があり、その品質はまだ国産の製品には及んでいない。

プロ野球、大学野球、社会人野球の試合では、木製バットのみ使用が認められているが、練習では竹バットを用いる選手もいる。高校野球では、木製バット、木片の接合バット、竹の接合バット、金属製バットの使用が認められているが、試合では金属製バットの使用がほとんどである。竹バットの需要は主に練習用であり、強豪校の多くでは、日常の練習に竹バットを使用している。竹バット特有のしなりの強さが生かされ、ノックやフリーバッティングなどのトレーニングに用いられている。

竹バットを練習で使う理由は、金属バットと比較すると、ボールが当たるとよく飛ぶ部分＝芯が狭く、芯を外してしまうと手が痛くなるという、使いにくい道具だからである。竹バットを用いて練習すると、体が芯を覚え、スイングの矯正になる。また、竹バットは木製バットや金属バットに比べて打球が飛びにくいので、バットを変えた時に飛躍的に距離が延びるという効果がある。耐久性は木製バットと比べて抜群に高い。プロ野球などで木製バットが折れているシーンを見かけることがあるが、竹バットは木のように真っ二つに折れることは少なく、たとえヒビが入っても、テーピングをするとまた使えるようになる。

竹バットには、竹だけでつくっているものと、バットの軸は竹で、軸のまわりはメープルなどになっているものがあり、これは竹だけの製品よりも打ちやすくなっている。

接着技術を生かして竹バットを製造

日の丸竹工は、創業当初はゴルフ用のヘッドを生産しており、接着の技術が非常に高度であった。ゴルフ用のヘッドはチタンと金属が主流になってきているので竹製は衰退しているが、グランドゴルフ用のヘッドの生産は現在も行っている。また、これまで壁の下地に用いられる金属製の金物（ラス）の代替品である竹ラスの生産のほか、竹ベニヤ、竹フローリング、製図用の三角スケールなどを製品化してきたが、プラスチック製品が主流になり、海外製品の流通や価格競争により衰退した。そこで、ゴルフ用のヘッドやベニヤなどに用いられる接着技術の高さを生かし、竹バットの製造を始めた。

竹は五～六年生のモウソウチクを用い、肉の厚い部位を利用している。残りの端材《はざい》は、竹炭の製造に利用される。原料は竹のチップ工場や周辺の竹林所有者から仕入れている。タケノコ農家の減少により、良質の竹材が減っているため、竹バットや竹炭などの製品のために良質の竹を集荷する「竹集材センター」のような仕組みができないか提案しているところである。

竹バットは、細い竹を接着剤で数本接着し、これを再構成した集成材でつくられている。まずは蒸気で竹材を乾燥させ、高温高圧処理をして、材の強度が増すように竹の表面と裏面を貼り合わせる。そして、衝撃に対する耐久性を高めるために、酢酸ビニール系と尿素系の接着剤を混合し、特殊合金の刃物で仕上げる。強度を出すのに竹の表裏面を張り合わせる方法は、薩摩弓に用いられる方法と同じである。薩摩弓も竹を何枚も積層してつくられており、現在でいう集成材の技術が昔から用いられてきたともいえる。

竹バットの重さは約九〇〇g、長さは約八五cmで、価格は八〇〇〇円程度である。

日の丸竹工の竹製品は、これまで多くの賞を受賞

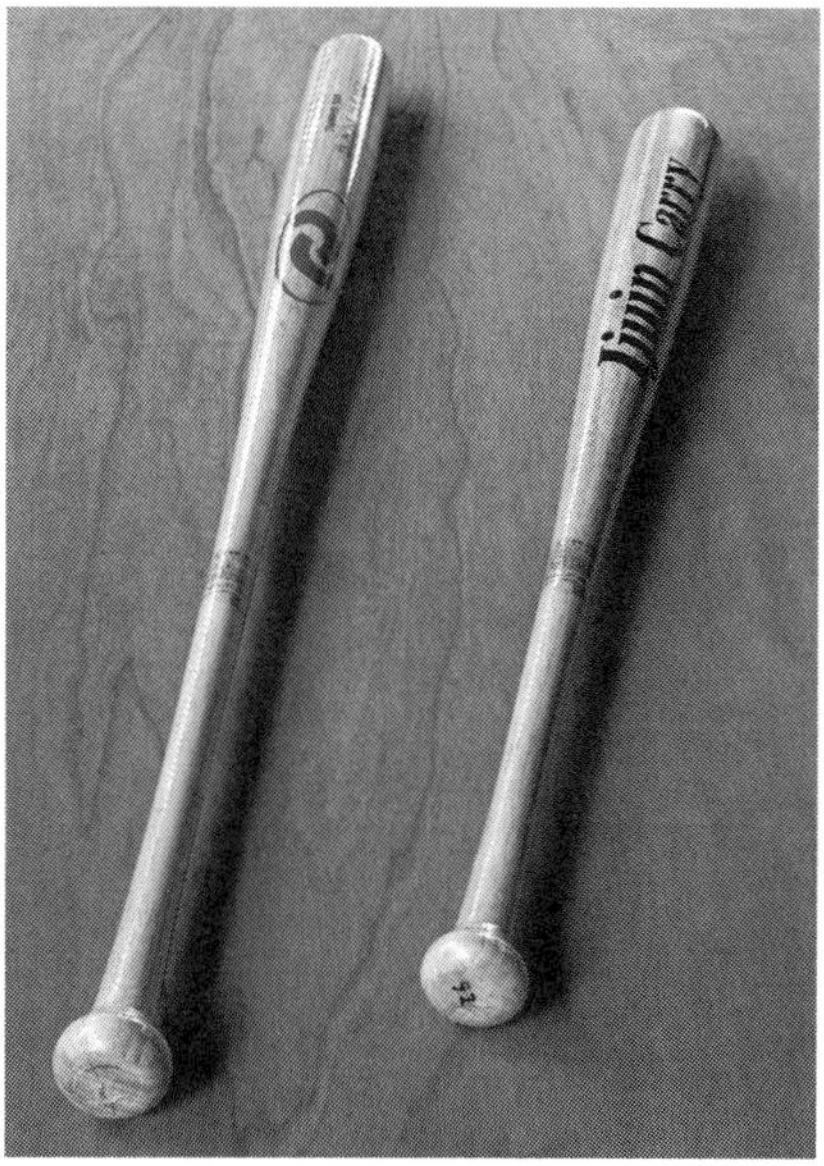

竹バット製品

日の丸竹工の工場

竹バット用原料。直径17 ～ 18cm

しており、例えば一九七七年に竹製の玄関ドア（鹿児島県工業技術試験場）、一九七八年に竹製の涼み台（鹿児島県・竹製品コンクール）、一九七九年に竹製のお盆（鹿児島県・竹製品コンクール）などがある。この集成材の技術を生かし、最近ではコンクリート用の竹筋を考案した。他にも、竹製のまな板は、竹の繊維を高密プレスしているため、刃痕がつきにくく、撥水性にも富んでいる。また、竹の壁板は和室によく合う質感で、衝撃に強く、耐久性も高いため、新建材のひとつとして注目されている。

竹をバイオマス利用する意義

竹は木材と同じく、育つ時に二酸化炭素を吸収し、廃棄する時に二酸化炭素を排出する。大気中の二酸化炭素を増やさないカーボンニュートラル（大気中の炭素濃度の増減に対して中立）であるため、環境に良い資源として注目されている。また、竹材や竹炭として竹を利用することは、一時的ではあるが、炭素を竹製品として身の回りに固定することにもなり、二酸化炭素の排出削減に貢献する。

竹バット原料を説明する蓑輪和憲さん

例えば、一ha当たり一万本のモウソウチクの放置竹林を一ha当たり四〇〇〇本に改良し、伐採した竹（平均直径一二cmで試算）を竹材や竹炭として利用したとすると、約一九〇tの二酸化炭素を一時的に製品として固定した計算になる。もちろん、製品として固定された炭素は、廃棄されれば大気中に戻ることになる。

日の丸竹工では、最盛期で一〇〇ha、現在では五〇haの竹林を整備し、年間約八〇〇〇本の竹材を扱っている。ここ一年ほど、お客さんから二酸化炭素削減についての問い合わせが増えているとのことである。地球温暖化対策としても、竹チップの燃料利用など木質バイオマスの利用が着目されているが、竹林伐採が経済的に成り立つとされる一kg当たり一〇円という買い取りの価格が確立されれば、生業として、竹林の整備も進むと考えられる。

また、新用途のひとつとして、日の丸竹工では家畜の粗飼料を製造している。竹材をノコギリくず状に粉砕し、焼酎カスを添加し、乳酸菌発酵処理により、牛の嗜好性の高い飼料をつくることが可能となった。環境ビジネスの機運が高まっている今、新しい展開に期待が高まる。

（Ｈｉｂａｎａ）**松田直子**

日の丸竹工の竹炭

竹炭の製造工程

一九四八年創業の日の丸竹工㈲は、鹿児島県日置市伊集院町にある竹炭・竹酢液メーカーである。壁の下地に用いられる金属製の金物（ラス）の代替品として、竹ラスを生産することから事業を始め、一時期は国内シェアの七割を占める竹バットの生産を行い、一九八二年から竹炭の生産を開始した。技術力の高さから均質の竹炭を生産し、鹿児島県竹産業振興会連合会の定める自主規格、竹炭認証制度の審査基準を他社に先駆けてクリアしている。高品質の竹炭をやくその秘密は、竹と向かい合った六〇年の歴史と炭窯にあった。

竹炭を製造する窯には、土窯、鉄窯、ステンレス窯がある。中でもステンレス窯は独自の改良を重ねており、製造する竹炭の品質のばらつきが少ない窯である。吸気と排気の微妙な差を解消し、高気密であるため、火炎の勢いが窯内を一気にめぐり、竹の繊維深くの水分を短時間で蒸発させる。窯内の温度は一三〇〇℃まで上昇し、高熱で一気にやき上げたのち、数日をかけて炭化させる。炭材の部位や形状、乾燥状態、天候、風向きなどで、炭化時間や温度などに微妙な違いを持たせ、安定した品質を保っている。長年の修練があみ出したこの改良窯からは、カンカンキンキンという涼しい音色を放つ、高品質な竹炭ができる。音だけでなく、ほとんど炭粉がつかないのが、そのやきの精妙さを示している。

ステンレス製の窯は円筒横型で、直径八〇cm、長さ一二〇cmのものと二二〇cmのものとの二種類がある。一二〇cmのものは質の良い炭を生産するため、二二〇cmのものは炭を量産するためである。以前は長方形の窯も試作したが、作業がしにくいことと、熱が隅々まで行き渡らないことから、現在は円筒横型の窯を採用している。大きな窯では、室内の温度の高低差が大きくなってしまうため、製品にムラができる。均一で分別が不要な炭をやくには、小さい窯が最適であるそうだ。現在は、六代目の小型窯が稼働している。

原料はモウソウチク。竹炭づくりは、昔ながらの裂竹機を使って、人力で竹を割ることから始まる。工夫を凝らした道具で、均等な幅に丁寧に裂竹しており、竹バットを製造する端材を利用している。ほとんどの工程が手作業であり、一つ一つ選別・検品しながら、製品化されている。

竹炭の特性

竹炭のミネラル抽出量や、良性の微生物が住処《すみか》とする気孔量は、木炭の数倍に上る。カルシウムやカリウム、ナトリウム、マグネシウム、鉄分など健康を守る天然ミネラルが、水に溶けやすい形で豊富に含まれている。竹炭のミネラルは備長炭に比べると、カリウムで三五倍、ナトリウムで一〇倍、マグネシウムで五倍にもなる。

竹炭は、室内の消臭や調湿効果はもとより、水質を改善し、有害な建材物質を吸着する。また、竹炭は弱アルカリ性〜アルカリ性を示すPh値を持っているので、弱酸性を好むばい菌に対して大きな抗菌効果がある。この抗菌作用は活性珪酸によると考えられており、生臭さの原因であるトリチルアミンを吸着することに優れている。さらに、竹炭は強力なマイナスイオンを放出するため、精神的なリラックス効果がある。

割り竹の竹炭

その他のユニークな使い方として、てんぷらを揚げる時に炭を入れると、カラッとした仕上がりになる。油中の水分や揚げる際の蒸気を炭の気孔が吸着

表　取り扱い商品

炒飯用竹炭	水道水の塩素を吸着し、遠赤効果でふっくらとしたご飯が炊ける。板状の竹炭130g入り、食品添加物届済み。
極細竹炭	板状の竹炭を極細に加工し、ペットボトルにも入れることができる。100g入り、食品添加物届済み。
入浴用竹炭	浴槽に入れると水の分子を細かくする。肌の表面からミネラルを吸収し、遠赤効果で体の芯から温まり、冷え性、肩こりなどに効果がある。250g入り。
消臭用竹炭	靴箱や冷蔵庫の消臭、野菜から発生するエチレンガスを吸収し、野菜の鮮度を保つ。
土壌用竹炭	酸性に傾きがちな土壌を活性化する。果樹や野菜の生育を促進し、茎が太くなり鮮度が上がる。
竹炭枕	マイナスイオンが心地よい眠りを誘い、遠赤効果で血行を促進し、頭から首、肩の疲れを改善する。
竹炭マット	30㎝×40㎝のコンパクトなものから180㎝×80㎝の布団サイズまで、4つのタイプがある。血行促進と深い眠りを誘う。
調湿用竹炭	押入れや部屋の湿気を改善する。壁材や床材から発生するホルムアルデヒドの吸着にも優れる。1kg入り。
風鈴	1,300℃で焼成した竹炭は硬く、竹炭同士を打ち合うと涼しい音色が出る。和の趣で目にも涼しい。
オブジェ	繊細な竹の枝を高温焼成する。和室や玄関に置き、調湿・消臭効果もある。
竹炭インテリアブロック	シラス砕石と竹炭を高圧成型させた重厚感あふれるブロック。消臭、調湿・保温効果が室内の環境を快適に保ち、インテリアも兼ねている。

するためで、理に適ったものである。また、電磁波を鎮圧させる働きもあり、電化製品やパソコンに囲まれた生活の中で、頼もしい味方である。

竹炭製品は多岐にわたり、それぞれの効用によりやき方も少しずつ異なっている。消費者からは使い方の質問が最も多いそうである。表（79頁）に日の丸竹工の取り扱い商品を示す。

竹酢液製品

竹炭・竹酢液の認証制度

日の丸竹工の商品には、「かごしま竹炭・竹酢液推薦」というマークがついている。鹿児島県竹産業振興会連合会では、竹炭・竹酢液製品の自主規格を設けており、審査会で一定の品質を有すると判断された県内産の製品にこの推薦マークがつく。有効期限は審査会が開催された日から三年で、年一回審査会による品質チェックを受けている。

竹炭にもさまざまな製品があるが、品質にはバラツキがある。規格が曖昧《あいまい》で、消費者には見た目からでの区別はつかないため、審査では、水分、精錬度、表示等を検査している。消費者に信頼される製品の供給を目指し、「かごしま竹炭」「かごしま竹酢液」のブランドの確立と技術力の向上をはかるために始まった制度である。日の丸竹工は、竹炭、竹酢液ともに他に先駆けて認証制度の基準をクリアし、鹿児島県におけるパイオニア的存在である。これからも一歩前を進み続けてほしい。

（Ｈｉｂａｎａ）**松田直子**

鶴田竹活性炭製造組合の竹活性炭

国内初の大型活性炭工場

一九九三年、鶴田竹活性炭製造組合による国内初の大型活性炭工場が、鹿児島県鶴田町（現、さつま町）に誕生した。鶴田町は鹿児島県の北部にあり、早掘りのタケノコの生産地として知られ、竹材生産の中心地でもある。

この活性炭工場は、なだらかな傾斜の山の中にあり、約六五〇〇㎡の敷地に、事務所のある管理棟、作業用建物と製品保管倉庫がある。建物の中にはロータリーキルン式連続炭化炉、屋外には六基の土窯（通称、薩摩窯）が見える。土場には近隣の竹林所有者が持ち込んだ竹が高く積まれ、入り口には持ち込んだ竹の重量をトラックごと計測できるトラックスケールがある。竹の購入価格は一kg当たり七円であり、車で三〇分以内程度の範囲の農家が竹を持ち込んでいる。

運営主体である鶴田竹活性炭製造組合は、竹林所有者や竹林業者一七名によって、一九九二年に設立された。竹を活性炭化し、高付加価値をつけて販売することにより、竹林管理者の意欲の増進をはかり、地域環境への寄与を目指してのことであった。

落成式は一九九五年で、国の補助事業である特用林産地化形成総合対策事業を導入し、県費・町費を上乗せした六割補助で、総事業費は二カ年で約二億七〇〇〇万円であった。現在は工場で組合長を含め、五名の従業員が竹炭の生産に従事している。

竹活性炭の製造

工場に搬入された竹は、まずチップ状に破砕し、ロータリー式の連続炭化炉で四〇〇～五〇〇℃の低温で炭化し、乾留炭と竹酢液を採取する。その後、乾留炭は高温の連続賦活炉で炭化し、活性炭を取り出す。活性炭は粒の大きさで数種類に選別され、出荷される。

材料の竹については、当初は何でも集めていたが、今は一～二年の柔らかい竹は品質が安定しないため、三年以上たった竹を購入している。他にも販路の確保といった問題もあり、取り組みには困難が立ちはだかったが、ひとつずつ問題を解決していき、プラントも順調に稼働するようになった。

その後、一九九七年に土窯を六基導入した。薩摩窯と呼ばれる昔ながらの土窯で、十分な温度管理のもとに七〇〇～八〇〇℃の高温でやくことにより、良質の炭が生産できる。

竹は四～五年生のモウソウチクが最も良い。含水率が一五％程度になるまで乾燥させ、四つ割りまたは六つ割りにしてから窯に入れると、炭になるまではわずか三〇～四〇分である。

竹活性炭の用途

活性炭は、大部分の炭素のほか、酸素、水素、カルシウムなどからなる多孔質の物質で、その微細な穴に多くの物質を吸着させる性質がある。竹炭には竹の穴の繊維がそのまま残り、一g当たりの表面積は約三〇〇㎡（畳で約二〇〇畳分）にもなる。炭の穴の直径は一〇〇μ～一μ（一μは一〇〇万分の一㎜）で、穴の大小により湿気や悪臭、有害物質の吸着作用がある。

竹活性炭は、主に土木工事などの法面（切り土や盛り土によりつくられる人工斜面）の植栽用に用いられている。

法面緑化基盤材として、基盤材の容量に対して五％程度炭を組み込み、土と泥とあわせて攪拌して、種子を混ぜて土壌に三～五㎝で吹き付ける。表（84頁上）に鶴田竹活性炭製造組合で販売している二五ℓ入りの竹炭の標準成分表を示した。

土壌改良の効果は高く、使用方法は多岐にわたっている。表（84頁中）に使用方法を示した。

広がる竹活性炭の需要

従来は土木工事の法面緑化や農業用の土壌改良材としての利用が主であったが、近年は炊飯用や枕などの家庭用品や調湿剤としての需要が増えている。1ℓの水道水に竹炭（五×三・五×〇・五㎝）を四個

ロータリーキルン式の連続炭火炉(鶴田竹活性炭製造組合)

袋詰めをした竹活性炭

活性炭の原料となるモウソウチク

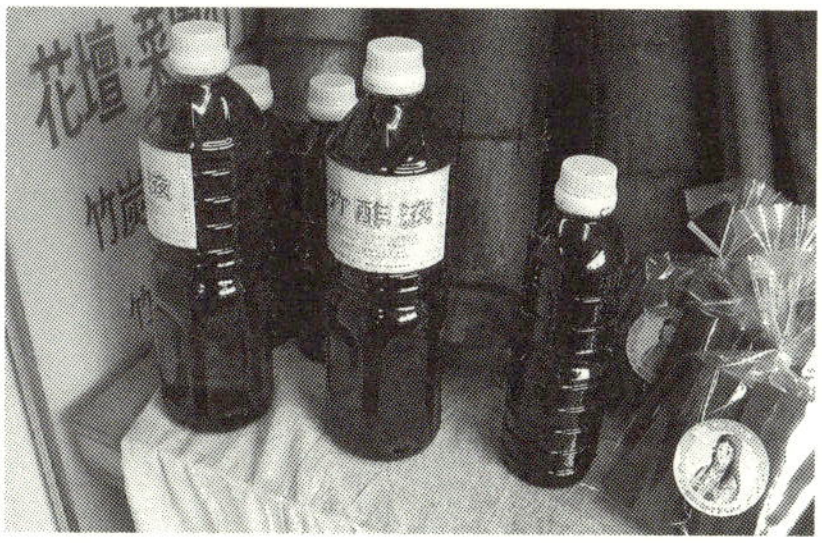

竹炭・竹酢液製品

土窯でも竹材をやく

表　竹炭成分表（竹炭２号・３号　25ℓ入り）

リン	0.30%
カリウム	2.65%
カルシウム	0.09%
全炭素	87.70%
全窒素	0.40%

出典：鶴田竹活性炭製造組合

表　竹炭の使用方法

水田・畑	10ａ当たり約５袋を耕起時に土壌に混入
植樹	埋め戻す土量に対して５～10%を混入
芝	１㎡当たり200～300ｇを均一散布
ガーデニング	土量に対して５～10%を混入

表　取り扱い商品

竹炭健康枕	竹活性炭と竹炭を混合したものと竹炭のみのものとあり、不織布で包まれている。
竹炭ごはん	板状の竹炭を、水の浄化やごはんを炊くときに入れる。飲料水の塩素や不純物を吸着し、ミネラルを含んだ水ができる。
お風呂くん	湯の中にミネラル成分が溶出するので、疲労回復、腰痛、肩こりなどに効果がある。不織布のまま浴槽に入れられる。
竹炭姿焼き	脱臭剤を兼ねて、部屋のインテリアになる。
脱臭剤	竹炭を活性炭にして冷蔵庫、タンス、靴箱、自動車などに置くと、脱臭とともに除湿や空気浄化の効果がある。冷蔵庫に入れると、野菜や果物を新鮮に長持ちさせ、竹炭の小さな孔が野菜や果物の発するエチレンガスを吸着して、腐るのを防ぐ。
家屋調湿剤	床下の温度、湿度を調整するので、シロアリやダニの予防になる。不織布のまま敷き詰めて使用できる。
竹酢液	100～1,000倍に薄めて、植木や土壌に散布する。作物の育成と病害虫の予防につながる。炭をやく時に煙の温度85～120℃のみ採取している。

入れて、残留塩素濃度とミネラル分の変化を測定した実験では、大きな水質浄化の効果が報告されている。

表（84頁下）は鶴田竹活性炭製造組合の商品の一例であり、多様な製品がある。

丸竹の竹炭

新たな製品としては、協同組合ケトラファイブ（鹿児島県蒲生町）で製造している炭化物成型ボード（通称、竹炭ボード）があり、これにはこの組合で製造した竹炭が使用されている。

竹炭とシラスの天然原材料を使用し、竹炭の持つ調湿力と消臭力を生かした建材で、マイナスイオンの効果も期待できる。また、さらなる販路拡大に向けて、新たな用途開発が日々行われている。

（Ｈｉｂａｎａ）**松田直子**

森木材の竹チップ

鹿児島県の竹パルプに関する取り組み

鹿児島県の竹材の生産量は一九八八年の約二三〇万束をピークに、安い輸入品の増大、伐採作業従事者の高齢化などにより激減している。

全国的に竹資源の利活用が進んでいない中、鹿児島では県を挙げてこれを推進している。

ピーク時は工芸用や農業用などの実用品が中心で、真珠やノリ養殖などの水産業用、スダレ材料、釣り竿、木舞竹などの建築用材料も多かった。その後、付加価値の高い製品の開発などもあったが、現在では竹パルプの需要が圧倒的に多くなっている。県が竹パルプに目を向けた背景には、全国二位の生産量を誇るタケノコ生産のための竹林整備を奨励する一方で、伐採された竹材の需要が減少していたことがある。竹材の大量消費先として、竹パルプに着目したのである。

竹材の価格は、竹パルプ用が五・五～六円／kg、竹炭用七円／kg、工芸用が一〇～一八円／kgである。

竹パルプは、薩摩川内市の中越パルプ㈱の工場で製造されている。県が中越パルプに働きかけて二〇〇一年に試作、二〇〇二年から製品化され、県が竹パルプ配合の封筒などを全面的に買い上げている。二〇〇二年には林務水産部のみで使用されたが、二〇〇三年からは本庁や出先機関などでも使用している。

市販されている封筒は、竹パルプ一〇%、古紙七〇%、木材パルプ二〇%という割合である。竹パルプ一〇〇%の紙も開発されたが、コスト面で課題が残っている。

この封筒は竹パルプ入りがPRされており、啓発効果も高いと考えられる。また封筒のほかにも箸袋、紙コップ、名刺などに用いられている。

竹材がチップ化され、ベルトコンベアにのる

伐採、切断した竹を搬入

竹チップの原料として積載

竹チップ生産のための仕組み

伐採された竹材は、県内に九カ所あるチップ会社などが買い取り、チップ化した竹を中越パルプ川内工場に納入している。その中のひとつが、薩摩川内市にある㈲森木材である。二〇〇七年度のチップ用原竹納入量約七〇〇〇ｔのうち、約三分の一を森木材が扱っている。

森木材のチップ工場は、約四〇年前から操業している。元々は木材のチップ工場であったが、県の竹パルプ事業が始まってから、タケノコ生産農家、竹製品工業者、素材生産業者、竹の伐採専門業者、竹を扱う土建業者などから竹が持ち込まれるようになった。車で一時間以内である薩摩川内市の近隣から多くが搬入されている。県内に九カ所ある受け入れ先の中で森木材の集荷量が最も多いのは、タケノコの生産量が多い薩摩郡さつま町が隣接していることが一因でもある。

森木材では、月平均で二〇〇ｔ、年間で約二五〇〇ｔを集荷している。竹材は軽トラックや小型、中型トラックで持ち込まれるが、例えば軽トラックの場合では二・三mプラスマイナス一〇cmの長さにそろえる条件になっており、その規格に合わないと受け入れを断っている。また、チップ形状が小さくなり、製品になりにくいため、竹の直径は五cm以上としている。割れたり、石や砂の混じった条件の悪い竹は、チッパー（切削機）の刃が傷むため、少し安い価格で受け入れている。

搬入された竹は、まずトラックスケールで計量され、フォークリフトで加工ラインやストックヤードに持ち込まれている。その後、ベルトコンベアに乗り、チッパーのラインに誘導され、二～四cmの形状にチップ化される。製造後すぐにトラックに積載し、中越パルプ川内工場に納入される。

工場の一日の処理能力は三〇tであり、受け入れている竹の種類はモウソウチクのみである。チップ化されるので、曲がった竹や破損した竹も有効に活用できる。持ち込みの最盛期は一〇～四月、夏場は約二～三週間で腐食しやすいが、夏場の搬入は少ないので問題はない。

フォークリフトで竹材を搬入

竹材がチップ化される

チッパーの刃は二時間に一度、一日四回交換しており、自社で刃物を研磨している。木材で広葉樹の場合は一日二回の交換ですむが、竹は木材に比べて硬いことから、刃が傷みやすい。

採算性が大きな課題

竹一束の重さが約二五～三〇kgであり、三〇本を約四〇〇〇円で買い取っている。タケノコ生産農家や業者の持ち込みがほとんどであり、約四〇〇〇円の労賃では、雇用労働による伐採や搬出を担うこと

曲がった竹などもチップに

竹チップを車で出荷

竹チップが積み上げられる

は難しい。竹チップの価格が一kg当たり一〇円になれば、生業として成り立つといわれている。また、竹材の伐採や搬入は重労働であり、生産者の高齢化という問題もある。ＮＰＯなどの伐採の請負や伐採専門の事業者などもあるが、採算性は大きな課題である。

　行政が地元のパルプ工場、チップ工場を巻き込んで利用先の確保などの出口対策を行えば、他地域にも波及する可能性を秘めている。搬入経費を考えると、ある程度、竹材の生産地とチップ工場、パルプ工場が近隣であるなどの一定の条件が整うことも必要になる。

（Ｈｉｂａｎａ）**松田直子**

竹を微粉末化して飼料・燃料利用

竹の食材としての可能性を生み出す

わが社の開発した常温生竹微粉末製造機PANDA（特許第3967931号）は、これまでとはまったく異なる手法により、竹特有の針状繊維を完全に切削し、竹を一工程で五μ～五〇〇μの超微粉末とする機械である。竹を薄膜形状とすることで、口に入れても安全な形状とする機械の開発に成功した。このことによって、タケノコ以外の、竹の食材としての可能性を生み出したのである。

二〇〇六～二〇〇八年度には、PANDAによる竹微粉の、畜産飼料や嫌気肥料としての活用法を、農林水産省からの委託事業（高度化事業）として研究を行っている。この研究によって、PANDAが製造した竹微粉のサイレージ化手法の確立と、その効能の確認が行われており、現在ではすでに全国のPANDAユーザーが飼料製造業の申請を済ませ、「孟宗ヨーグルト」（商標登録済み）として販売しており、多くの成果をあげている。

PANDAの最大の特徴は、竹を常温で切削加工することにある。この方法は、従来のせん断や、解繊等とは異なり、製造時の温度変化がほとんど発生せず、熱が加わらない。そのため、PANDAが製造した竹微粉からは、竹由来の乳酸菌が発見された（農林水産省・畜産草地研究所の蔡義民先生により同定）。これにより切削加工後、人為的に乳酸菌を添加することなく、良質な竹のサイレージ化が可能になるのである。

PANDAが製造する竹微粉末は、大小の穴を持つ竹のハニカム構造が残されており、孟宗ヨーグルトでは、その穴の中に竹由来の乳酸菌がコロニー状態を形成する。そのため、孟宗ヨーグルトを経口摂取した時、乳酸菌を胃の強い酸に侵されることなく腸まで届ける、いわばマイクロカプセル効果を持つことになる。

常温生竹微粉末製造機（PANDA）。サイクロン使用

持続的な地産地消のための新たな付加価値

これまで、多くの企業や民間の努力で、竹の新たな用途開発が研究されてきている。しかし基本的な問題として、竹は、大量生産を旨とする工業製品にはどうしても向かない事情がある。運搬を考えても、中空構造の竹は木材の三倍以上のコストがかかってしまい、採算に大きな影響が出てしまう。また、竹林は個人の所有が圧倒的に多く、大量に伐り出すことが可能な場所がほとんどないばかりか、集材の交渉も困難である。原材料としての安定供給が保てないので、企業の本格的な参入を難しくしているのである。これまでのような、大量加工を要するような用途開発や、竹から有用な成分を抽出して残さを出すといった手法では、その継続性に問題があるのは、これまで行われてきた事業の結果からも明らかだ。

わが社は、竹林の管理を長期にわたって継続するには、竹林を有する地域が少しでも竹に付加価値をつけ、これまでとは違う長期的視野での取り組みが求められると考えている。いわば、地元に密着した竹の地産地消を目指すべきだろう。そのためには、新たな機械の設備や工程といったものを、できるだけ減らしていかなければならない。そこでわが社が最も現実的な竹の利活用として提案するのが、竹の畜産飼料利用について農林水産省から唯一の認可を受けた機械であるＰＡＮＤＡを生かし、竹林を永続的に地産地消の資源として管理することである。木材と異なり一年で生長する竹は、一時の処理方法だけでなく、継続的な管理を行えるシステムの構築が、より重要である。

　孟宗ヨーグルトを五％添加した飼料を鶏に給餌《きゅうじ》した試験では、嗜好性は上々であり、腹腔内脂肪の減少、抗酸化能向上、免疫増強、排泄物の悪臭低減、腸内悪玉菌の減少などの付加価値効果が確認された。つまり、孟宗ヨーグルトを食べた鶏は病気に強くなり、健康で美味しい鶏肉を生産してくれるだけでなく、抗菌剤等に頼らない安心・安全な鶏肉生産、また排泄物のにおいが少ない地域の環境に配慮した畜産経営にもつなげていくことができる。そこに、竹の新たな付加価値が生まれるのである。

　さらに、孟宗ヨーグルトを飼料として家畜を育てて得た鶏糞・豚糞・牛糞を堆肥化することで、より付加価値の高い肥料として、野菜や果物などの鮮度や美味しさをより高める効果も期待できる。

エタノールの原材料としての竹微粉活用

二〇〇五年度より五年計画で取り組まれている、農林水産省の委託事業である木質系のバイオマスエタノール開発の素材として、ＰＡＮＤＡによって製

過負荷防止台（ヘリカルカッター）

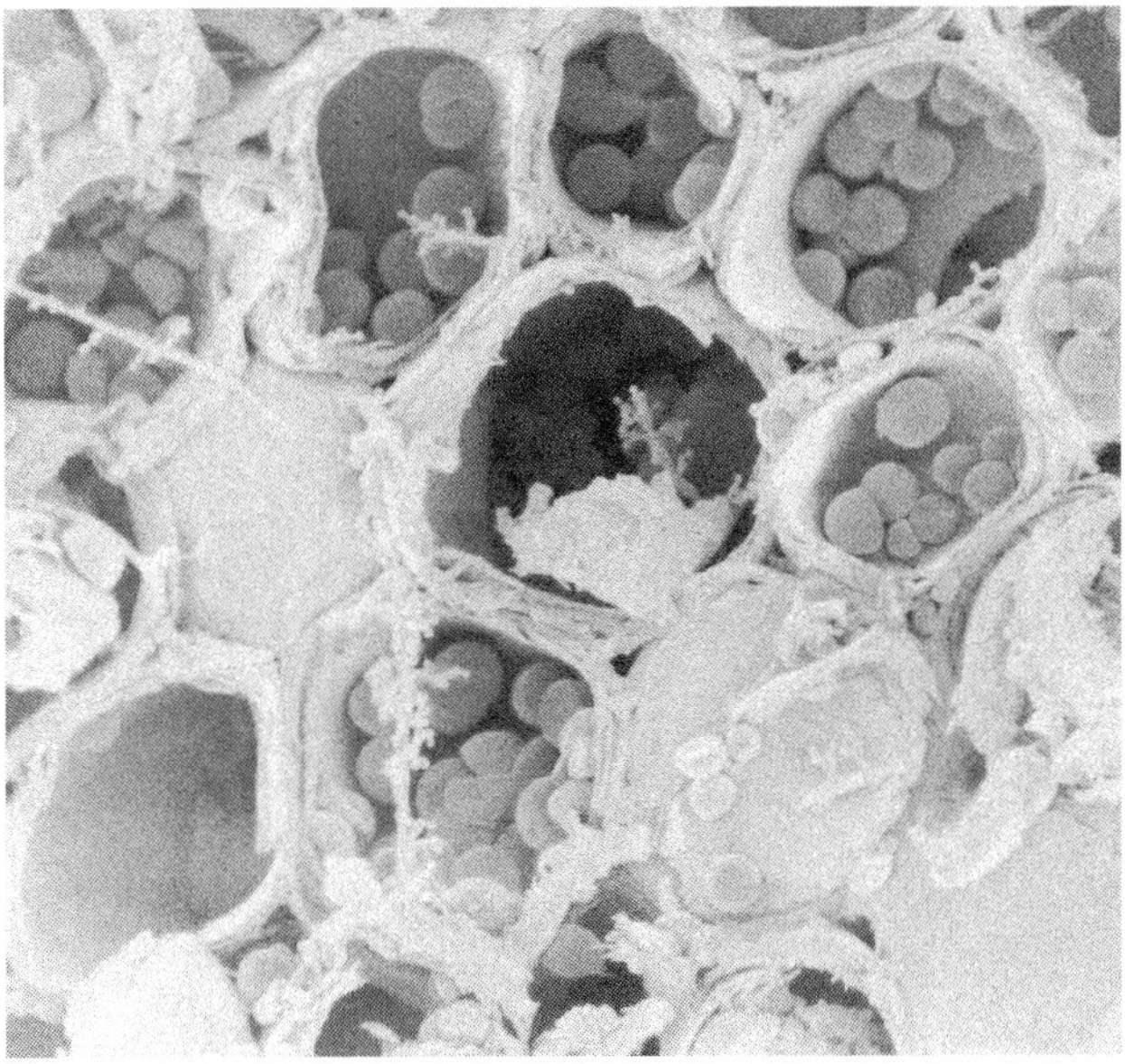
竹由来の乳酸菌(電子顕微鏡写真1500倍)

造された、飼料用に使っている五〇〇μ程度の粒度よりさらに細かな竹微粉が活用されている（浜松竹プロジェクト）。これまでの未利用資源としてさえ位置づけされていなかった竹が、初めて資源として認知されたのである。

これまでにも、建築廃材や間伐材をエタノール化する技術は試験的には成功した例はある。しかし実際に資源として見た場合、生長の早い竹のほうが、はるかに有利である。竹林は適切に管理を行うことによって、一ha当たり毎年二五t程度の資源生産が可能であり、木材とは比較にならないほど多い。

現在ある竹資源の中でバイオマスとして使える量は七〇〇万t、年間利用可能な量は乾燥重量で四〇万〜五〇万t程度といわれている。浜松竹プロジェクトでは、竹一tからエタノールを一一一ℓ生産できた。年間利用可能な竹資源量三三〇万tに換算すると、約三億七〇〇〇万kℓのエタノールが生産されることになり、一ℓ当たり製造コストは約五〇円と推定されている。

国内ガソリン消費量は約六〇〇〇万kℓで、二〇三〇年のバイオエタノール普及目標は二二〇万kℓとされている。現時点では、国内の供給量は不足すると予想され、ブラジルなどからの輸入に頼らざるを得ないという状況であるが、竹由来のバイオエタノールだけで十分な供給が可能となる。しかも、

図　竹を効率的にエタノールへ変換する技術の開発

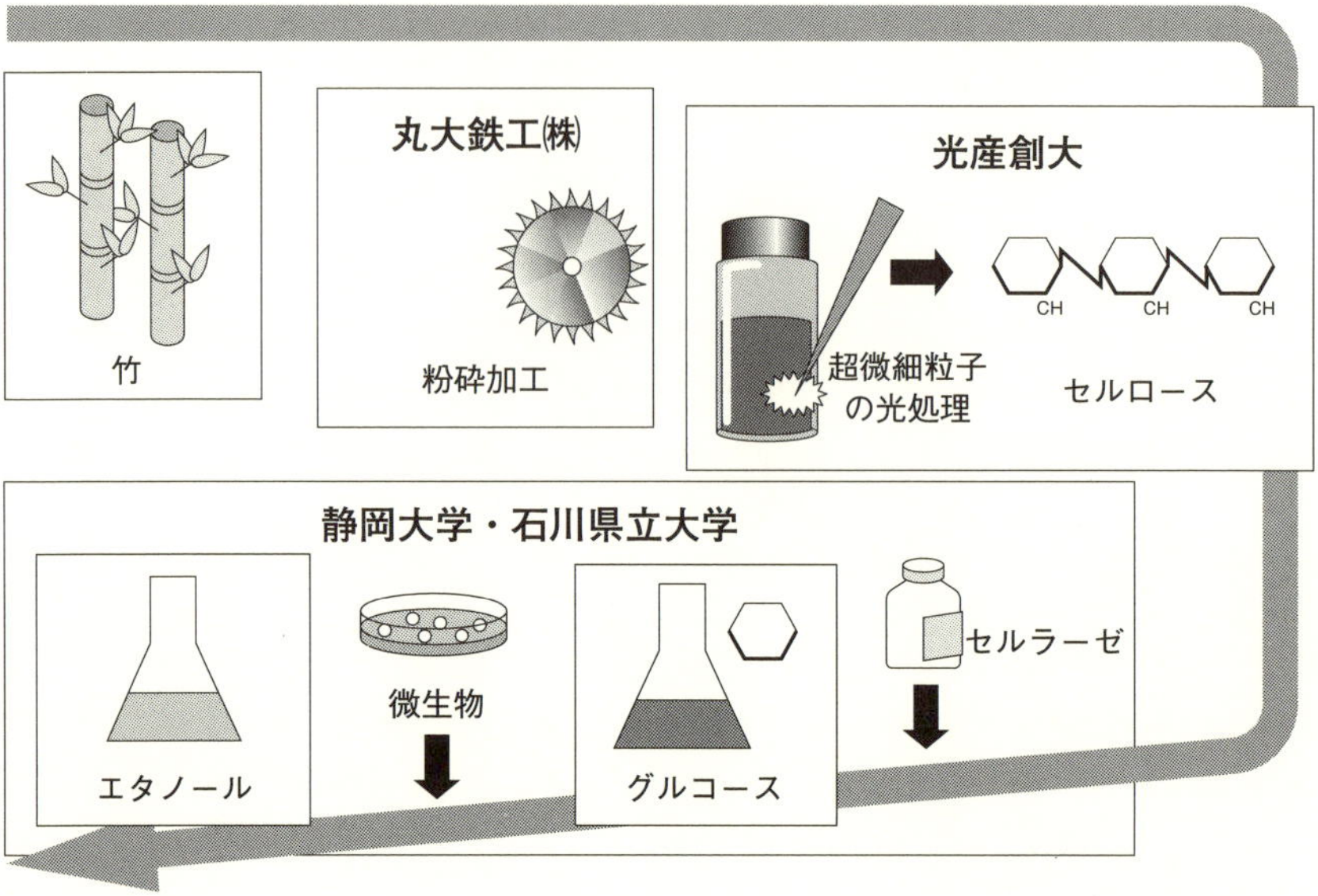

ブラジルからトウモロコシ由来のバイオエタノールを輸入する際の価格は七六円とされており、コスト的にも負けることはない。

エタノール化に使用する竹粉の粒度は、五〇μ程度が最も効率的であることが、委託事業開始後二年目の成果として二〇〇九年三月に日本農芸化学会で発表された。竹由来のエタノールに関する研究は、これまであった竹資源の用途開発とは根本的に視点の異なるアプローチであり、供給面でもコスト面でも価値のあるものである。竹の加工方法を変えることで、かつてない竹の利活用法が生まれつつある。それを元にした、地域の活性化や新たな雇用創出も期待されている。

（丸大鉄工）**大石誠一**

日の丸竹工の竹酢液

竹酢液の特性

日の丸竹工㈲は、鹿児島県日置市伊集院町にある竹炭・竹酢液メーカーで、創業は一九四八年である。創業当初は、壁の下地の金属製の金物（ラス）の代替品の竹ラスの生産を行っており、その後、竹紙やゴルフ用ヘッド、竹バットなど竹製品の製造を本格化させ、一九八二年からは竹炭の生産を開始した。一九九九年には「幻の竹の濡」を商標登録し、本格的に竹酢液の製造を始めている。

竹酢液は、竹炭をつくる過程でごく少量採取できる、竹のエキスである。消臭・抗菌効果は木酢液の約二〇倍あり、水の浸透性を高め、皮膚細胞の活性化に役立つという。日の丸竹工では、土壌改良用の竹酢液も製造している。

竹酢液は二〇〇種以上の有機成分を含んでいる。特に主成分である酢酸には除菌作用や消臭作用があり、ポリフェノールはかゆみを抑制する効果がある。通常はクレゾールなど食用に適さない物質も含んでいるため、殺虫剤などの園芸製品や消毒液、保湿剤などに利用される。その他の竹酢液の成分には、有機酸、フェノール類、高級アルコール、中性成分などがあり、殺菌性、脱臭性、防腐性がある。植物の活性化、土壌の改善、皮膚炎の症状改善などにも役立つとされる。

これらの効果は、精製方法や竹の種類によって異なる。

竹酢液の製造工程

「幻の竹の濡」製造には、まず竹炭にする時に出る煙である薫煙を自然冷却し液体としたものを採取する。ある一定の温度域以外では有害物質を含んでいる場合があるため、採取時は温度域を限定している。採取した液体は、六～二四カ月間、冷暗所で静置・熟成される。この間に不純物が上澄み液と沈殿物となり、分離可能となるのである。次に分離した液体の中層を取り出し、さらに有害な成分を取り除くために、蒸留・ろ過し、精製を行う。最後に、精製した液体を八五℃以上で六分間、殺菌処理して完成する。製造工程で最も重要なのは、有害な物質の除去である。

有害物質には、タールや油分、ホルムアルデヒド、メチルアルコール、クレゾールなどがある。

竹酢液の用途

竹酢液は木酢液に比べ、抗菌作用のある成分がより多く、有効性が高い。日の丸竹工では、「幻の竹の濡」以外に、竹酢液原液、園芸用、ペットケア用の竹酢液を製造している。花粉症対策用など、直接肌に使う場合は「幻の竹の濡」のように蒸留精製した竹酢液を勧めている。

竹酢液原液

竹酢液の原液は多くの使い道があるが、希釈して入浴剤として使用すると、天然のミネラル成分が湯に溶け込み、新湯が柔らかくなる。

竹酢液採取装置

精製したものは、うがい、歯磨きに使用すると口の中の善玉菌の働きがよくなり、口臭も防ぐことができる。洗顔用に使うこともできる。

殺菌用としては、ふきんを一晩浸けておくだけで消毒できるほか、コップの曇り取り、茶しぶ取り、まな板の殺菌、ヘアケア用にも使える。手足にスプレーすることで殺菌や消毒ができ、靴の中にスプレーすることで消臭にもなる。これは、天然の酢酸・フェノール・クレゾールの作用による。また、網戸や玄関にスプレーしておけば、ハエや蚊などの虫

蒸留、精製した竹酢液

竹酢液の粗液

よけにもなる。生ごみのにおいをマスキングする効果もあり、カラスなどの害鳥よけに使うこともできる。

　また、作物に散布すると葉の活力が高まり、根の発育が良くなる。葉面散布により、ダニなどの害虫、各種の病気が少なくなる。土に散布すると、液濃度の高い散布直後は土壌病害を減らし、しばらくして濃度が薄まると有用微生物が増加し、土壌が肥える効果がある。

園芸用

　竹酢液は、直接、植物に吸収されて栄養となる成分はわずかで、直接的に働く殺菌・殺虫物質も少量しか含んでいないが、肥料の吸収が良くなる、病害虫が減るといった効果がある。これらの効果は、二〇〇種類もの竹酢液の成分が、助酵素や触媒として働くからではないかといわれている。

　農薬と混合して散布すると、効果が高まる場合もある。土に散水注入することで、センチュウや土壌病害虫を減らし、薄い状態では有用微生物の餌となる。根の発育が良くなり、推肥の発酵を促す。家畜の糞尿に使うとにおいが消え、良質な推肥ができる。

ペット用

日の丸竹工の竹酢液は、無農薬の竹林のモウソウチクのみを原材料としており、成分には抗菌効果を持つ成分が数多く含まれている。その抗菌力は真菌性のウイルス、カビ、雑菌、O-157やサルモレラ菌などに効果があり、ノミやダニ、細菌への忌避効果もある。天然無農薬素材であるので、直接スプレーすることもできる。

竹酢液の使い道としては、他に犬よけ、小型脱臭装置、高血圧や滋養強壮用、切り花などの活力剤などにも広がっている。畜産飼料に添加することで、豚肉のにおいや煮炊きしたときのアクも少なくなるとされている。

また、スズメノカタビラなどゴルフ場の雑草として嫌われる植物に比べ、芝草は濃い竹酢液をかけても枯れにくいことから、竹酢液を雑草の除去に使っている例もあるという。

竹炭・竹酢液の認証制度

日の丸竹工は二〇〇一年、国内で最も厳しいとされる鹿児島県竹産業振興会連合会の竹炭認証制度の審査基準を他社に先駆けてクリアし、第一号製品として認定されている。また、日本竹炭竹酢液生産協議会の役員を務めるなど、竹炭や竹酢液の規格化に尽力されている。

竹炭や竹酢液は焼き方や製品によって、品質にばらつきが大きいが、消費者には違いがわかりにくい。明瞭な認証制度の確立は消費者に安全や安心を与えるものであり、今後の展開に期待したい。

（Ｈｉｂａｎａ）**松田直子**

畜産分野への竹の利用

林業と畜産業の有機的な連携が必要

林野庁の資料によれば、二〇〇二年度のわが国における竹林面積は、森林面積の一％以下（一五万六〇〇〇ha）であるが、その半分近くは九州・中国・四国に分布しており、中でも鹿児島県は全国一の面積を有している。近年、中山間地の過疎化、農村人口の減少・高齢化に伴い、放置竹林が拡大し、人工林、二次林および耕作地へも侵入している。全国の竹林の大半が放置され、鹿児島県においても放置竹林の拡大や伐竹材の産廃処理が森林管理上の問題となっている。

一方、鹿児島県は全国有数の畜産県であるが、多くの畜産現場においては輸入飼料に依存した家畜飼育が行われているのが実情である。飼料生産基盤が脆弱な畜産農家は、最近の飼料高騰によって極めて厳しい経営環境に置かれている。

このような林業と畜産業が抱えている問題を解決するためには、従来のような双方の個別対応では限界があり、両者あるいは他の分野との有機的な連携（有畜複合生産システムの確立）によって問題解決の糸口を見出し得るものと考えられる。すなわち、竹林からもたらされる豊富な竹資源を厄介者（産廃）としてではなく木質系バイオマスとして捉え、積極的に活用するという発想の転換が必要であり、竹資源の潜在的価値を明らかにし、食用タケノコや工芸品だけでなく、農業や畜産分野においても多面的利用（飼料化、資材化、肥料化など）の可能性を追求することが重要課題である。このことが飼料自給率の向上、資源循環型農業の推進、リサイクル型社会の構築にもつながるのである。

飼料化の事例

竹の飼料化は、決して新しい話ではない。放牧地では、牛、緬羊、山羊《やぎ》などの草食家畜がススキ、チガヤ、シバなどの野草とともに、笹類も採食するのを見かけるが、竹類も笹類も同じ仲間（イネ科竹亜科）であるため、竹の飼料化が可能なことは論を俟《ま》たない。従来、竹の飼料利用に関して各地でさまざまな取り組みが行われてきたが、最近の飼料自給率向上の必要性と地域未利用資源の有効利用の観点から、再び飼料化技術の開発が注目されている。

竹の繊維含量は約五〇％と高いため、原物のまま家畜に給与しても消化性に問題があり、栄養価改善のために何らかの物理的、化学的または生物的処理の必要性が唱えられ、一九八〇年代になって物理的処理法としての蒸煮処理によるモウソウチクの飼料化が京都大学木材研究所、徳島県肉畜試験場、熊本県畜産試験場阿蘇支場で試みられた。その後、飼料給与面や栄養面での付加価値を高めるため、鹿児島大学や静岡県中小家畜試験場で竹粉のペレット化やサイレージ化が試みられ、牛や鶏の生産性への効果が検討された。

肥育牛については、一九九〇～一九九二年に、鹿児島大学の萬田正治博士らがオガクズ状に細断したモウソウチクに甘藷焼酎粕を添加して調製したサイレージの嗜好性が高いこと、配合飼料の一部（一〇％以下）をサイレージで代替しても増体や飼料利用性に対照牛と比べ大差なかったことを明らかにしている。

乳用牛については、二〇〇六年に愛媛県畜産試験場の愛媛産竹飼料実現グループが牧乾草の一部を竹ペレットで代替給与した場合、牧乾草給与牛との間で乳量に差がなかったものの、高泌乳牛の乳脂肪率が向上することを認めている。

鶏については、二〇〇四～二〇〇五年に静岡県中小家畜試験場の大谷利之研究員らが竹材を粉砕して乳酸添加したサイレージによる肉用鶏や産卵鶏の飼養試験を行い、五％添加により嗜好性、発育および飼料利用性が優れ、産卵にも悪影響がなく、糞便の臭気を抑制することを明らかにしている。

なお、豚についての知見はほとんど見当たらないが、繊維質飼料は反芻《はんすう》家畜にとって不可欠なだけでなく、単胃家畜に対しても整腸作用が予想されることから、補助飼料として竹材サイレージの嗜好性や

解繊処理前の竹チップ

適正給与量について検討の余地がある。

最近、竹を飼料化するための新たな物理的処理法のひとつとして、解繊処理技術が広島大学の熊谷 元博士（現・京都大学）と神鋼造機㈱の平田和男技術顧問によって開発された（二〇〇四年特許出願）。解繊処理とは、切り出した竹をチッパーシュレッダで細断した後、Ⓡ植繊機（神鋼造機㈱製）を用い、竹材をモグサ状に加圧・破砕・膨潤処理することであり、これにより家畜飼料としての嗜好性や消化性の改善をはかるものである。

その後、鹿児島大学においても筆者らがその技術をさらに発展させることを目的とし、二〇〇五年に同大学農学部有志が林学、畜産学および農業市場学分野の立場から総合的・学際的研究として〝竹材有効利用プロジェクト〟を立ち上げ、プロジェクトの一部が日本学術振興会二〇〇六～二〇〇七年度科学研究費補助金基盤研究（c）「竹林バイオマスの農業・畜産業への有効活用による地域循環バランス」（課題番号一八五八〇三三三、研究代表者：岩元 泉教授）、および二〇〇六年度財団法人鹿児島科学研究所助成研究「解繊処理竹材の飼料利用に関する研究」（研究代表者：筆者）に採択され、一連の研究が展開された。

このプロジェクトでは、竹材を通して林業と畜産が有機的に連携して中山間地域を活性化させるモデル拠点形成を目指し、鹿児島県北部に位置し、モウソウチクの産地でもある薩摩郡さつま町をモデルとして、鹿児島県、JAさつま、地元森林組合などの関係団体、畜産農家、民間企業など多くの協力を得て計画検討会、成果報告会および交流会を三年間にわたって開催し、産官学民一体による取り組みが行われてきた。

プロジェクトの一環である飼料化については、二〇〇五～二〇〇六年に筆者らの研究グループが解繊処理竹材の保存性、嗜好性および栄養価を高めるため、竹材に甘藷焼酎粕のほか、糟糠類を加えてサイレージ調製したところ、竹材のみ、および前出の萬田博士らが開発したモウソウチクサイレージよりも発酵品質や栄養成分の面で付加価値の高いサイレージを得ることができた（ちなみに、竹材の栄養価は国産稲わらと同程度）。

このように、実験的に発酵品質、嗜好性および栄養価に優れたサイレージが得られただけでなく、二〇〇七～二〇〇八年に実用規模（さつま町で肉用牛繁殖経営を営んでいるモニター依頼農家）でも比較的良質なサイレージが得られ、黒毛和種繁殖牛に本サイレージ三～五kg／日／頭を牧草サイレージとともに給与した場合、嗜好性や健康状態に問題ないことが判明した。

ただし、牧草や飼料作物のサイレージと違い、解繊処理竹材サイレージを単味で給与するには家畜の養分要求量の面で問題がある（タンパク質不足）ことから、調製時の原材料について追究の余地があり、現時点では基礎飼料の一部代替飼料として位置づける必要がある。また、実用化のためには調製時の原材料の混合・サイロへの詰め込み作業、開封後の取り出し作業、適正給与量、サイロの種類・容量などが今後の検討課題である。

鹿児島県には、まだ潜在価値が明らかにされていない多くの地域未利用資源が存在しており、それら

植繊機（神鋼造機㈱製、TSY-15型）による竹の解繊処理

を発酵基質として竹材を発酵処理する（他の有用微生物との組み合わせもあり得る）ことで、発酵品質や栄養成分の面でさらに付加価値の高いさまざまな竹材サイレージを調製することができるものと考えられる。それらの中から嗜好性や飼料価値の高いサイレージをスクリーニングし、家畜に単味または混合給与することにより購入飼料への依存度を低減させることが期待される。

敷き料化の事例

肉用牛生産、酪農あるいは養豚においては、オガクズ、稲わら、モミ殻、バークなどに比べ竹材の敷き料利用ははるかに少ない。肉用牛の肥育牛舎においてはオガクズ利用が一般的であり、オガクズ製造主体によって単価も異なるが、七〇〇〜三〇〇〇円／㎥で購入されている。したがって、肉用牛多頭飼育においては飼料費とともに、敷き料費は生産費を左右する主要因である。

オガクズに有用微生物や発酵資材を混ぜて発酵床として利用する事例があるものの、竹材利用に関する研究例は極めて少ない。二〇〇二年、静岡県畜産試験場の芹澤駿治研究員らは、竹粉がオガクズに代わる畜舎敷き料資材として利用可能であるが、実際に牛床資材として利用した場合、竹材のささくれた鋭端が肢蹄《してい》に突き刺さる問題点を指摘している。

鹿児島大学においては、前述の竹材有効利用プロジェクトの一環として、二〇〇六年に伊村嘉美博士が肥育牛舎においてオガクズ床と解繊処理竹材床（以下、竹材床）で牛体の汚れ具合について調べたところ、竹材床では敷設一カ月経過しても汚れが目立たない傾向にあった。

ただし、竹材の水分は四〇～六〇％と高いため、今後、低水分化技術の開発とともに、竹材敷き料が家畜に快適さをもたらすかどうかについて行動学的観点（横臥や休息の助長）や家畜福祉面からの検討も必要である。

今後の課題と展望

今後、大学や試験研究機関などで実験的に竹材の新しい飼料化・敷き料化技術が開発されたとしても、それらが実用化するには竹材の供給体制、すなわち竹林の伐採から搬出、飼料調製までの作業を誰が担うかが課題である。

畜産農家が竹林を所有している場合には、自給飼料確保のため自ら積極的に竹材の飼料化に励むことが考えられるが、畜産農家と竹林所有者が別である場合、両者の橋渡しが必要である。

つまり、地元ＪＡや地方自治体が橋渡しを行い、畜産農家と竹林所有者が一体となって法人（農業生産法人、ＮＰＯなど）を立ち上げ、それを農業改良普及センター、畜産関係団体、大学などが支援し、その中で上記の共同作業を行ったり、コントラクター制度を採り入れたりすることが具体案として挙げられる。

また、植繊機の導入経費や原料資材の調達費など生産コストの問題に関しては、上記の作業を法人の事業とし、環境負荷を大幅に低減するために地域でまとまった先進的な取り組み（有機性資源のリサイクルを重視した有機農業関連事業）のひとつとして位置づけ、二〇〇七年四月に国が策定した「有機農業の推進に関する基本的な方針」に基づき、国および地方自治体からの支援対象となる可能性を探り、対象となり得る場合には農業改良資金・就農支援資金の貸し付けや交付金などを活用することにより畜産農家や竹林所有者の個人負担の軽減がはかられ、前述の問題解決の一助となるものと思われる。

したがって、木質系バイオマスである竹材の飼料・敷き料利用を促進することは、竹林改良に伴い発生する竹材の有効活用につながるとともに、地域特性を生かした安定的飼料供給体制の確立と家畜生産コストの低減に寄与し、畜産振興対策にも貢献することが大いに期待される。

冒頭でも述べたように、現代の農林業においては従来のような各分野による個別対応型の問題解決は限界の時期にきており、これからは分野横断的に対応することが肝要であり、〝複合〟の時代である。本稿で取り上げた林業と畜産業の問題といえども、時には耕種部門（糟糠類、作物残さなど）や食品製造産業（焼酎粕、有用微生物など）とも連携し、いろいろなアイデアを出し合うことでそれが解決のヒントとなることもある。

我々研究者にとっても、既存技術の改善や新技術の開発には学際的なアプローチが求められる。

本稿を執筆するにあたり、校閲の労をとっていただいた〝竹材有効利用プロジェクト〟畜産飼料化グループの共同研究者である鹿児島大学農学部家畜管理学研究室の高山耕二博士に謝意を表する。

（鹿児島大学）**中西良孝**

竹を繊維加工して商品化

四国でも竹林の荒廃は問題化

西日本を中心に全国各地で、竹林の荒廃や増殖が社会問題となっている。当社のある四国でも、モウソウチクを中心とした広範囲の竹林があり、それらはもともと竹材やタケノコ生産用の竹林であった。

しかし現在、プラスチック製品の増加や後継者不足、安価な輸入タケノコの影響を受けて竹産業は衰退の一途を辿り、非常に細々としたものになってしまったため、竹が利用されないまま放置され、荒廃した竹林が非常に多くなっている。

荒廃した竹林は里山の景観を悪化させるだけでなく、民家への進入や、樹木、農作物の駆逐、竹林の根の浅さから大雨時には斜面崩壊の危険性もある。そのため竹材の有効利用と竹林の適正管理が緊急に求められている。

竹繊維の開発と繊維化技術

その一方で、竹は三～五年で成竹となるため持続的に利用可能な地域資源であり、木材製品の代替として、化学物質に変わる天然素材として、多くの可能性を秘めたバイオマス資源でもある。現在、全国各地でさまざまな新しい利用方法が検討され、利用も増えつつあるが、当社においても竹製品、竹素材を販売する中で有益な利用方法を模索し続けてきた。中でも竹が繊維質であることに着目し、竹を繊維化することにより竹独自の利用価値が生まれてくると考え、竹繊維の抽出方法、利用方法を検討した。

公的機関や有識者の方々の協力の下、機械的に竹を砕き繊維を取り出す方法や、水酸化ナトリウム等の薬品を使い繊維を取り出す方法等、さまざまな試行錯誤を繰り返す中で、㈱ヤスジマの協力を得て爆砕装置（107頁の写真・上）を使用した爆砕処理方法による竹繊維の抽出方法を確立することができた。爆砕処理とは密閉された缶体内に蒸気を入れて高温、高圧の状態にし、一定時間保持した後、その缶体内の圧力を一気に開放する処理である。この処理を竹に応用し、竹の繊維抽出に適した温度と時間、爆砕回数で竹を爆砕処理することにより、竹の木質部分と繊維部分（維管束鞘部分）の分離を可能とさせる。また缶体の容積に応じ、一度に大量の竹を処理することが可能である。

この処理によって、竹の繊維方向に沿った長い繊維を取り出すことができる（写真・中）。竹繊維の

竹の爆砕装置

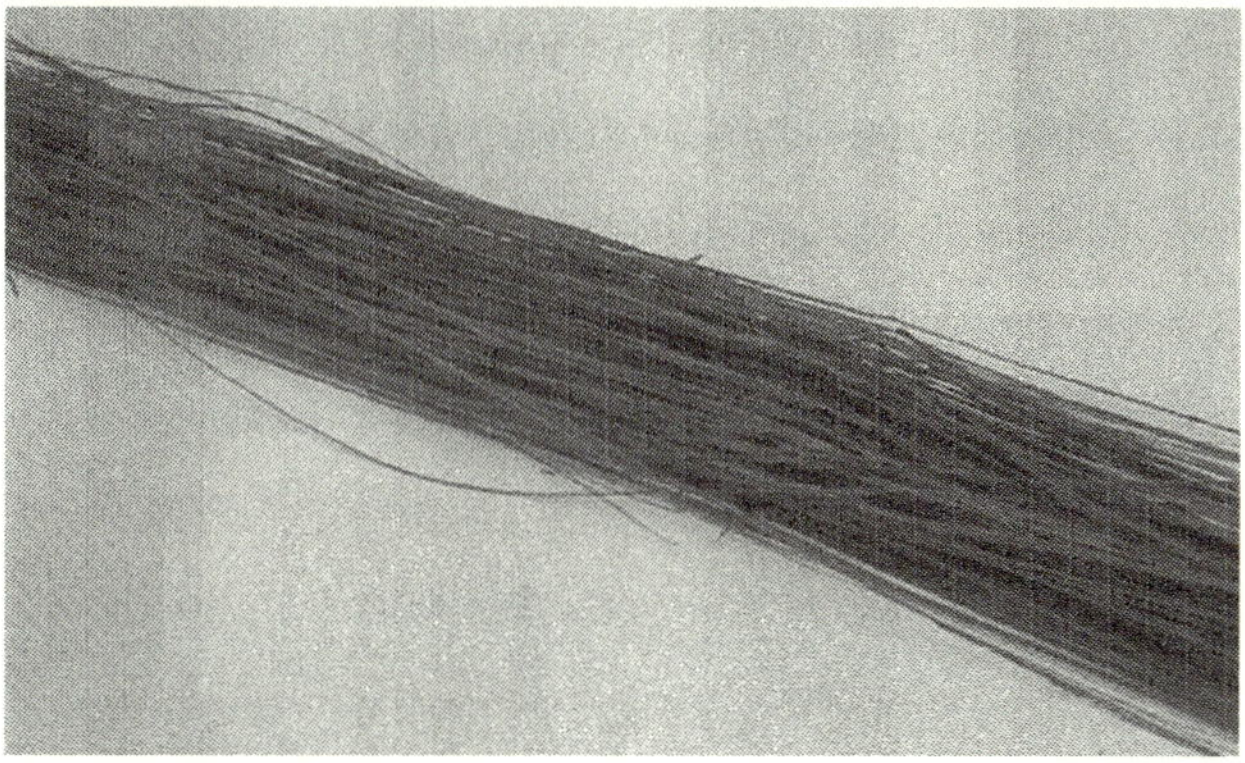

竹の長い繊維を取り出す

竹繊維入りの不織布

特長として優れた引張強度を持っていることが挙げられるが、さらに抗菌、脱臭、調湿、ダニ忌避効果といったさまざまな特性も持っている。

竹繊維の利用

不織布

不織布とは、繊維を織らずに機械や熱などを利用し、繊維自身を絡ませたり融着させたりしてつくるシート状のものである。

竹の繊維抽出方法の確立により、竹繊維を使用した製品を開発する際、さまざまなものに利用されている不織布に加工することが可能であれば、その用途、価値が大きく広がり、利用量が増えると考えた。しかし、不織布に使用されている綿などの天然繊維や合成繊維に比べ、爆砕処理された竹繊維は太く硬いため、従来の加工機で不織布に加工することは困難であった。その後、不織布設備製造の池上機械㈱との開発により、竹繊維に工夫を凝らし、竹繊維を細く柔らかい状態に開繊することができた。これにより従来の不織布加工用の機械等の利用が可能になり、竹繊維を他の繊維と混ぜ不織布に加工することに成功した（１０７頁の写真・下）。

その消臭性、抗菌性等（表・１０９頁）の機能を生かしたベッドマット、畳用シート、靴用インソールなどをはじめとするさまざまな商品に利用している。

紡績原料

テキスタイル製品も不織布同様、合成繊維や薬品処理等により付加された機能ではなく、天然の植物繊維でつくられた自然な風合いのある製品が求められていくと考えられる。

現在、テキスタイル製品として流通している竹繊維と呼ばれているものは、その多くが東南アジアの竹パルプを原料としたビスコースレーヨンと呼ばれる再生繊維である。

そこで機能性を持つ天然の竹を爆砕処理により繊維化し綿と混紡し、竹繊維を直接織り込んだ生地を開発することにより、独自性のある商品が提供できる。しかし、紡績原料としては不織布の原料と比較してもさらに細く柔らかく繊維長のある竹繊維への

表　消臭性、抗菌性の効果

（1）消臭試験（試料：爆砕処理竹繊維70%混入不織布）
試験機関：（財）日本紡績検査協会
試験方法：①アンモニア・・・検知管法
　　　　　②ノネナール・・・ガスクロマトグラフ法

試験結果

項目	時間	減少率（%）
①消臭性（アンモニア）	30分後	99
	60分後	99.8以上
②消臭性（ノネナール）	30分後	81.2
	60分後	80.8
	2時間後	81.9
	4時間後	93.2

（2）抗菌性試験（試料：爆砕処理竹繊維、他）
試験機関：（財）日本紡績検査協会
試験方法：JIS L 1902 定量試験（統一試験方法）による
菌種：黄色ブドウ球菌
試験結果（無加工布は標準綿布を使用）

logB-logA=2.8>1.5……試験は有効

植菌数A	1.9×10^3	logA＝4.3
無加工布菌数B	1.3×10^7	logB＝7.1

殺菌活性値＝logA-logC　静菌活性値＝logB-logC

試料	菌数logC	殺菌活性値	静菌活性値
爆砕処理竹繊維	1.3	3.0	5.8
生竹	4.7	−0.4	2.4
竹レーヨン	5.6	−1.3	1.5

制菌製品の抗菌効果は、殺菌活性値0以上
（18時間培養後の試験菌の生菌数が、標準布に試験菌を接種直後の回収菌数以下である）
抗菌製品の抗菌効果は、静菌活性値2.0以上
（18時間培養後の試験菌の生菌数が、標準布の生菌数の1%以下に抑制されている）

加工が必要である。

柔軟加工、開繊加工にさらなる工夫を施し、竹繊維を綿状に加工し、綿に一五％の竹繊維を混紡した各種テキスタイル製品の実験生産と試験販売を行った（写真）。さまざまな糸や織物に対応するために、今後はさらなる生産性の向上と品質の向上、安定化を目指し、開発を進めていきたい。

竹繊維を混紡した製品

地域資源の有効活用で地場産業活性化へ

この技術・製品を利用することにより、地域資源の有効利用と地場産業の活性化、里山の景観の維持に貢献できるものと考えている。また地球温暖化や高齢化社会が進み、人や環境に優しい商品が求められている現在、竹繊維のさらなる応用により幅広い分野で一人でも多くの人のニーズにこたえられる商品を開発したい。

（バン）**谷　嘉丈**

竹を生かした建築材料

竹材の基礎的性質

代表的な竹材（モウソウチク・マダケ）と木材（針葉樹材…スギ・ヒノキ、広葉樹材…ケヤキ・シラカシ）の強度性能（112〜13頁の表、『木材工業ハンドブック』を基に作成）を比較すると、竹材は総じて高い性能を示す。特に、曲げ強さ・圧縮強さ・引張強さが高く、スギの各性能値に対して、モウソウチクは一・九〜二・二倍、マダケは二・一〜二・七倍の数値を示すが、密度が同程度の広葉樹材とは同水準の値である。竹材とスギ材の曲げ試験における荷重―変形関係の例（図）をみると、竹材は加力方向によって荷重―変形関係の性状が大きく異なっており、竹材が表皮に近いほど維管束鞘が多い傾斜材料である特徴が現れている。

図　竹材と木材の荷重－変形関係の例

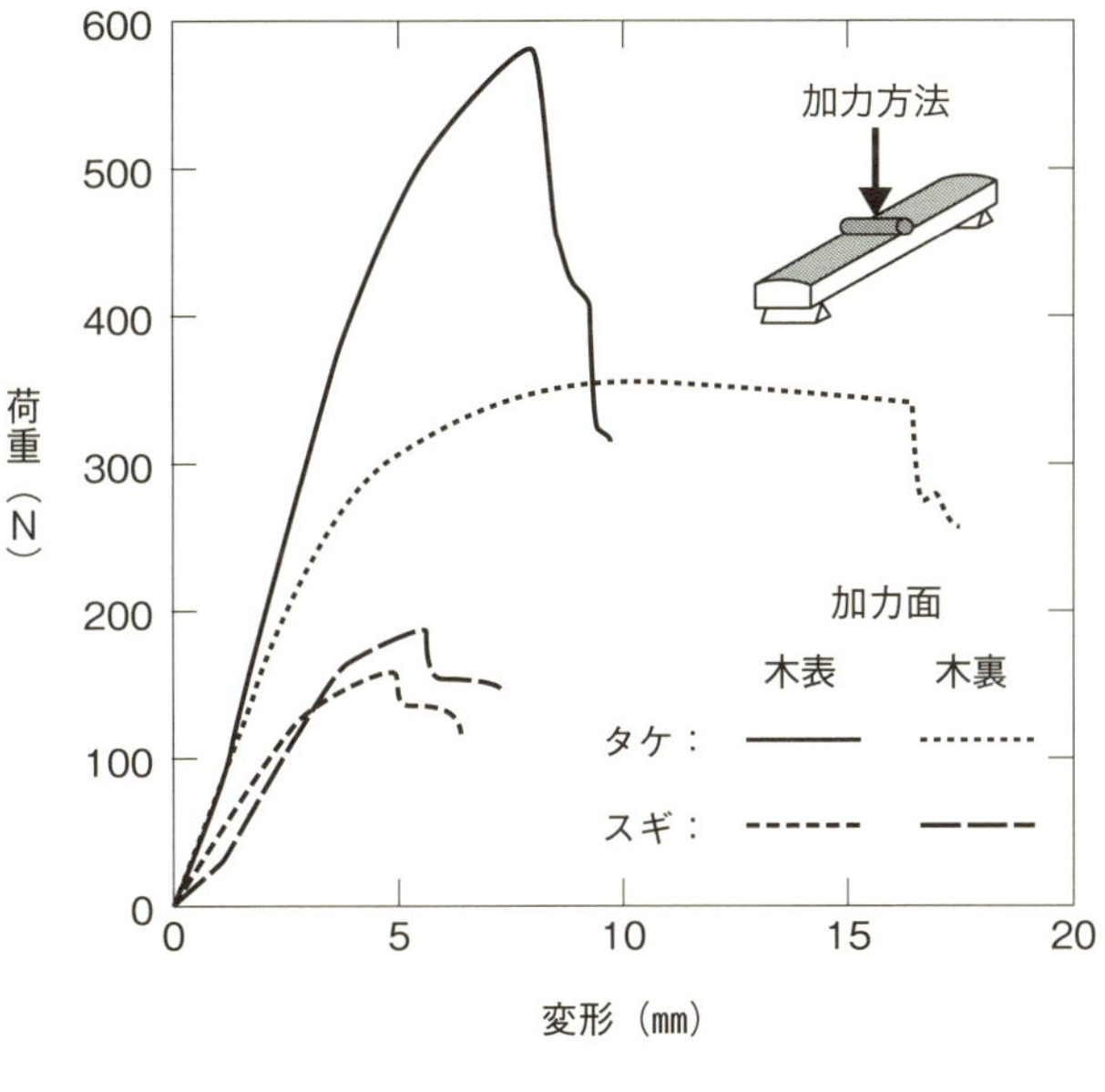

物理的性質を比較すると、乾燥過程の横断面内（横方向）収縮率も木材とほぼ同じ値を示すが、軸方向の収縮率は、維管束の配向の効果により、木材のおよそ三分の一程度となり、高い寸法安定性能を示す。竹材の熱伝導率は、密度がほぼ同じケヤキ・

礎的性質の比較

引張強さ（MPa）	せん断強さ（MPa）	平均収縮率[a]（%）		熱伝導率（W／m・K）
		T方向[b]	R方向[c]	
170	16.5	0.27	0.25	0.140
245	16.5	0.27	0.25	0.145
90	6	0.25	0.10	0.087
120	7.5	0.23	0.12	0.095
125	12.5	0.28	0.16	0.143
195	17.5	0.38	0.23	0.176

シラカシとほぼ同じである。

モウソウチク気乾材の水分拡散係数（cm²／s）の測定例によると、軸方向では三・八（外層）〜四・八（内層）でありヒノキ（一三・七）・ブナ（一〇・九）の三分の一程度、接線方向では〇・二三（外層）〜〇・四一（内層）でありヒノキ（〇・九七）・ブナ（〇・九二）の二分の一〜四分の一程度と木材より低い値を示す。

建築材料に関する研究開発

木材を原料とした建築材料には、挽《ひ》き板を積層した集成材、パーティクル（小片）・繊維（ファイバー）を圧縮成型したパーティクルボード・繊維板などがある。竹材を用いてこれらの材料を製造する試みは多く、欠点を克服するための製造方法の改良がなされている。

竹の特徴のうち、一般的な木材より高強度であることを利用するためには、原料加工時になるべく細分化しないことが得策である。そこで、竹材を軸方向に沿って割裂または切断し、接着性の低い表皮と

表　竹材と木材の基

樹種	密度 (g／㎤)	曲げヤング 係数（GPa）	曲げ強さ （MPa）	圧縮強さ （MPa）
モウソウチク	0.76	12.5	140	75.0
マダケ	0.80	15.0	185	75.0
スギ	0.38	7.5	65	35
ヒノキ	0.44	9	75	40
ケヤキ	0.69	12.0	100	50.0
シラカシ	0.83	13.5	120	60.0

a含有水分率１％の変化に対する数値、ｂ横断面の接線方向、ｃ横断面の半径方向

随腔表面を平らに切削または鋸断することで除去し、得られた短冊状の挽き板を積層した集成材が開発されている。この方法の場合、強度性能にもっとも寄与する表皮部分が大幅に失われてしまうため、高い強度性能は期待できず、原料歩留まりも低下してしまう。構造材ではなく主にフローリング材として利用されている。

パーティクルや繊維のような小さな構成要素の場合、表皮が含まれていても、表面に占める割合が低くなるため、接着強さは低下しない。さらに、エレメント間の接着性能を向上させる方法として、竹材を半径方向に薄く剥いだストランドやV字状の溝のついた二つのローラーの間を通して圧壊したゼファーシートを用いたボードに関する研究が行われている。これらの場合、構成要素が比較的大きいため、高い曲げ性能が得られ、接着強さも高い値を示す。

竹材を建築材料として用いる場合には、その耐久性・耐候性についても考慮する必要がある。防腐・防黴については薬剤処理の効力について検討されているが、防腐効力が高い薬剤は接着性を阻害するた

め、強度低下の原因となる可能性がある。薬剤による防腐処理を行わない場合には、強い塗膜を形成する塗料を用いて塗装することが一般的であるが、塗装を施すと吸・放湿性などの竹本来の性能が失われてしまうことに注意が必要である。

そこで近年では、環境に配慮した生物劣化抑制方法として、加圧蒸気処理に関する研究が行われている。乾燥性については、繊維方向の水分移動が主であり、材の厚さ方向の位置によって異なるため、強度向上を目的として構成要素の寸法を大きくしすぎると、カールや含水率のバラツキが生じやすくなる。

竹稈をそのまま利用する方法としては、樹脂含浸処理と表面改質を併用して寸法安定性と耐候性を向上させた、屋外建築物のユニット部材や接合方法に関する研究がある。建築物としての安全性を向上させるためには、竹稈の断面寸法・形状や強度性能が異なる場合でも対応可能な構造・設計手法の開発が必要となる。

また、竹を用いた接合具の開発も行われており、製材の再利用時に従来の磁力選別で除去できないステンレス釘《くぎ》の代用に有効であると考えられる。

建築材料に要求される性能

建築基準法第三七条や告示等によると、構造上重要な部位に使用される建築材料は、ＪＡＳ規格・ＪＩＳ規格等の材料規格によって認証された製品、または、指定建築材料として国土交通大臣の認定を受けた材料のいずれかでなければならない。

竹材を原料とした建築材料の場合、竹材がかならずしも木材と同等と見なされず、例えばＪＡＳ規格においては、竹材を原料とした製品は木質材料としての認証の対象とならない。建築基準法においても、指定建築材料等の認定対象とはならず、木材と比較してどの程度の性能を保証可能であるか明らかにしない限り、竹材を用いた建築材料を使用できる範囲は極めて限定されているのが現状である。

さらに、指定建築材料に求められる性能は、曲げ・せん断・圧縮などの基本的な強度物性値に加え、事故的水掛かり・含水率・荷重継続時間に関わ

竹の集成材

る強度性能の調整係数や接着耐久性など多岐にわたっており、使用環境や長期使用による性能低下を勘案して、強度性能の統計的な下限値を導出することとされている。竹材を用いた建築材料が指定建築材料として法的な位置づけを得るためには、これらの強度性能値を整備する必要がある。

法的位置づけの必要性

前述した要求性能を担保するためには、既存の制度に関する十分な理解が必要となる。

例えば、竹材を用いたフローリングは、木質系とみなされないことから、ホルムアルデヒド発散材料の規制対象外であり、大臣認定の性能評価対象やJAS認証の対象とならない。しかし、同一の目的で使用される木質系フローリングの場合、ホルムアルデヒド放散量に関する等級があり、その性能が担保されていることから、木質材料と競争力を持つためには、性能保証を行う必要がある。そこで、告示対象外建材の表示に関するガイドラインに基づき、ホルムアルデヒド放散量を自主的に表示している製品が多い。自主表示制度は、製品の性能を製造者自らが担保するものであり、既存材料より高い性能が求められるわけではない。

　このほかにも、環境負荷の観点から既存材料との差別化をはかるための制度として、グリーン購入法やエコマーク制度などがあり、性能が明示されていることから使用者の材料選択の基準に用いられている。これら法規制上の位置づけを明確にすることは実用化促進に寄与する重要な要素である。

竹のパーティクルボード

構造材料として実用化していくために

竹材を用いた建築材料の開発は、資源問題や環境問題に対応するためにも、今後ますます重要となると考えられる。

　竹材の利用に関する近年の研究は、歴史的利用法と同様に竹材の特徴を利用し、欠点を補うことで、新しい材料を開発することを目指すものといえる。今後、構造材料としての実用化をはかるためには、用途に応じて必要とされる強度・耐久性を十分に把握し、その性能を達成するための製造方法について検討する必要があろう。

（森林総合研究所）**渋沢龍也**

新興工機の竹ペレット

竹ペレット利・活用の背景

まちおこしで有名な愛媛県内子《うちこ》町では、竹資源の利・活用の一環として、粉砕した竹粉と食品残さを混ぜて圧縮・成型し、粒状に加工した飼料用の竹ペレットの推進をはかっている。

二〇〇五年に三町が合併した内子町では、地域づくりの全体方針を定め、それに基づいて、二〇〇七年度には「バイオマスタウン構想（バイオマスの発生から利用までが効率的なプロセスで結ばれた町や地域のこと）」を策定。その中で、愛媛県で三番目の広さである町内の三五〇haの竹林に注目することで、竹ペレットづくりが始まった。地域づくりの全体方針では、①自然と共生するエコロジータウンづくり、②景観まちづくりに取り組み、地域の魅力を増進、③農林業の多面的な役割を踏まえた幅広い振興、をテーマにしているが、竹ペレットの利活用はいずれのテーマにも貢献できるものである。

バイオマスタウン構想が位置づけた方針では、森のプロジェクトの中で、燃料用、新素材用、飼料用の三種の木質ペレットを製造することにしている。中でも、竹ペレットの飼料としての利用は先進的な取り組みである。竹ペレット飼料は、栄養バランスがよく、保存性と流通性に優れた、安全で安心できる国産の家畜飼料である。また飼料として利用することで、放置竹林による生態系の悪化や、国内飼料自給率の低迷、食品残さの廃棄による環境負荷といった問題を、複合的に解決に導く効果が期待される。

飼料用竹ペレットの製造

竹ペレットの製造を行っているのは、環境機器を製造している新興工機㈱（本社は愛媛県松前町）。飼料用のペレットを製造している工場は、森の中にこじんまりと存在する、かつてはタバコを生産していた施設である。工場内には、竹林から運び込まれた竹のチップや、原料となるオカラや醤油粕が並び、香ばしい香りが漂っている。出来上がったペレットを扇風機で冷ましている様子は、まるでお菓子屋さんのようであり、工場というイメージとは少し違う雰囲気である。原料となる竹は、内子町が放置竹林の竹材を伐採して持ち込んでいる。竹以外の原料であるオカラ、醤油粕は、食品加工業者から回収している。

竹ペレットの製造工程は、まず、町が竹林からフレコンで運んでくるチップを植繊機で綿状にして、瞬間乾燥を行う。次に、竹だけでは栄養分が足りないため、乾燥させたオカラ、破砕した醤油粕を用意したうえで、竹五：オカラ四：醤油カス一の割合で配合する。そのうえで次破砕を行い、乾燥機で含水率を四五％から一二～一三％に下げる。最後に冷却して、計量、袋詰めを行えば完了である。

新興工機は竹ペレット製造工程の特許を審査請求中で、三年間愛媛県畜産試験場と実験を行った。愛媛県畜産試験場は、粗飼料の三五％を竹ペレットに代替して牛に給餌し、飼料としての評価を行っている。その試験結果は良好であり、以下のとおりである。

①採食性が良く、竹ペレットの給餌で不足するタンパク質を他の飼料で補えば問題なく給餌できる。
②高泌乳牛では乳脂肪率が増加しており、竹ペレットによって第一胃内の細菌相が改善した可能性がある。
③糞の硬化現象がみられることから、腸内細菌相が改善しているようである。

竹ペレット製造の効果

竹ペレットの取り組みによる波及効果のひとつとして、竹林整備に二名、竹ペレット生産に二～三名が従事し、新たな地域雇用を創出している。

また、竹ペレットの飼料としてのメリットは、ペレットの形であるため、保存性があり取り扱いやすいことである。いくつかの農家では、牛の飼料として実際に使っているが、今までの飼料と比べても遜色がない。竹ペレットを利用した畜産品ということ

竹ペレットの製造ライン

竹ペレットに成型

竹をチップ化

綿状にして瞬間乾燥

圧縮、成型された竹ペレット

で、環境に配慮した農産物として消費者の注目を集める材料となり、飼料代の高騰への対策ともなっている。

竹林整備の面では、人工林内の竹林を伐採することで、林内が明るくなっている。例えば、産直販売を行っている道の駅「フレッシュパークからり」近くでも竹林整備作業を行っており、竹林の中に遊歩道を設置し、公開も予定している。

竹林に関する問い合わせは多く、竹林整備に対する住民の期待は大きいようである。

飼料活用の拡大とブランド化が課題

課題として、竹の伐出・収集コストと手間の問題が大きい。道路沿いのものでないと利用が難しく、ウィンチなどの重機を使うとコストがかかるため、基本的に人力で伐出している。現在は列状に間伐する方式を採っており、三〜五年周期で間伐していく予定である。

また、竹材や食品残さの収集の大変さ、乾燥やペレット化を現場ごとに行っていないことなどが課題

竹ペレットを袋詰めにする

として挙げられている。その対処として、竹林管理の確立、食品残さ工場での現場乾燥、ペレット焚き乾燥機の導入（現在はガスで行っている）、処理能力の高い機器の開発などが検討されている。

　需要面の課題は、竹ペレットを通年消費する農家を増やすことである。稼働率を向上させ、採算が取れるようにしないと普及しにくい。しかし、一般の農家は、なじみのない飼料を使うことに抵抗があり、飼料用竹ペレットは、浸透するまでに時間を要する。地域内資源の活用を目指しており、他地域からの資源調達は念頭に置いていないが、今後飼料用竹ペレットを広域に売り込む予定であり、需要先確保が課題である。

　竹ペレットを使うことで、環境に配慮した酪農商品という付加価値をつけて消費者にアピールし、酪農家に竹ペレットの利用を広めていく仕掛けが必要である。穀物飼料の高騰により、輸入飼料への依存度が高い各地の酪農家が打撃を受けており、安全で安心な国産飼料が求められている今、この飼料用竹ペレットを食べた牛から搾《しぼ》った牛乳のブランド化を実現させることは、同様の問題を抱える全国の酪農家や放置竹林に悩む地域への発信にもつながる。付加価値分を竹林整備に還元することによって、持続可能な竹林整備につながっていくことを期待している。

（Ｈｉｂａｎａ）**松田直子**

第3章

竹資源を生かし地域活性化をはかる

手入れの行き届いたホテイチクの竹林

里親制度やイベントで市民による竹林保全

市民が竹林の里親に

日本の竹ファンクラブは、市民による竹林の保全と活用を推進することで文化的景観の再生と竹文化の創生をはかることを目的に、一九九九年九月に設立された。現在、横浜市に本部事務所を置き、神奈川県内に五支部を有している。会員は二五〇名、予算規模一〇〇〇万円で、年間約一二〇日活動している。

日本の竹ファンクラブは設立以来、全国の竹の調査・研究を続けており、その調査によって明らかとなった、当時全国的に問題となっていた荒廃竹林を市民の力で保全するため、二〇〇三年に「竹林の里親制度」「竹取協力隊」「竹の学校」の三つのプロジェクトを立ち上げ、竹林の再生活動を開始した。

「竹林の里親制度」は、竹林の所有者と日本の竹ファンクラブが竹林の利用契約を結び、市民が里親となって所有者に代わり竹林（里子）を保全育成するシステムである。担い手不足から引き合いも多く、里子契約者は年々増えている。現在四八人の地権者、三カ所の公共施設・団体と契約を結び、竹林管理面積は一二haに及んでいる。竹種はモウソウチク、マダケが半々で、一部ハチクが対象となっている。

「竹取協力隊」は、里親となった市民が実際に竹林（里子）の保全育成活動を行う会員組織で、竹の学校修了生や一般市民を中心に一五一名がメンバーとなっている。主な活動拠点は、神奈川県横浜市の「小机城址市民の森」、横浜国際プール「林浴の庭」、こどもの国、中井町半分形、愛川町角田の五カ所の竹林で、年間の作業日数は八二日、延べ参加者一三〇〇人、間伐・間引き本数は一万本に達している。この五カ所以外にも、各地の依頼に応じて竹林再生活動のリーダーとして出向き、活躍している。

こうした竹取協力隊の活動は内外の注目を集め、各

竹林内に灯る竹灯籠

竹の学校で学ぶ

地から竹林再生依頼も増えてきたため、その対応を急いでいるところである。
「竹の学校」は、竹に関わる人材を総合的に育成する目的で開設したプロジェクトである。管理コース、工芸コース、料理コース、体験講座など二四講座を開講しており、首都圏はもとより、中部、関西からも駆けつける人気講座となっている。これまでに九五〇人が受講、修了後は竹取協力隊を筆頭に趣味、地域活動などさまざまな分野で活躍している。二〇〇八年には竹垣コース、指導者養成コースも新設して時代のニーズにこたえている。今後さらに竹細工コース、野外料理コースの開設も予定されている。

タケノコ掘りも竹遊びも保全の一環

竹林の間伐だけでなく、タケノコ掘りも竹遊びも保全の一環として捉えている。中でも、間口を広げ多様な市民を巻き込むために始めたのが、春の「たけのこ祭り」と、秋の「竹灯籠まつり」である。

四月には小机城址市民の森でモウソウチクの「た

けのこ祭り」を、六月には中井町で珍しいマダケの「たけのこ祭り」を開催。当日はタケノコ掘りだけでなく、竹細工、野外料理、地元特産品の販売などのイベントも行い、二〇〇八年は二会場で約一〇〇〇人の来場者があった。タケノコは穂先タケノコや竹水までテーマにすると利用期間も長く、間引きの効果だけでなく、自然体験として多様なメニューが提供でき、市民参加を促す有効なツールとなっている。

また二〇〇四年から毎年一〇月には、竹林の空間活用の一環として、美しく再生された竹林の魅力を多くの地域住民に堪能してもらおうと、「小机城址市民の森」を舞台とした「竹灯籠まつり」を開催している。間伐した竹材を利用して六〇〇〇本前後の竹灯籠を竹林内に灯すイベントは、日本最大規模ともいわれており、毎年大勢の入場者で賑わっている。

この「竹灯籠まつり」はその後、横浜国際プールやこどもの国、中井町でも開催され、二〇〇八年は四会場で一万六〇〇〇本の竹灯籠と一万八〇〇〇人の来場者で賑わった。竹林内に灯る何千本もの竹灯籠は幻想的で、見る人を感動させる。それだけでなく、竹林の再生と地域の活性化が約束され、加えて間伐材の有効活用としても有望であり、地域おこし等各地からの引き合いも増えている。

お楽しみとセットで竹林再生

地方の荒廃竹林を都市住民との交流を通じて再生する事業を、二〇〇五年から中井町と愛川町で実施している。

中井町の竹林再生事業は神奈川県、中井町との協働事業で始まった。ここの活動の特徴は、竹林の整備作業だけでなく、作業参加者に配布される地域通貨「竹」を使った、農産物の直売やみかん狩りなど季節ごとのお楽しみイベントがセットになっていることである。横浜市民を中心に毎回一〇〇人前後の参加者があり、竹林の再生だけでなく、地域の活性化にもつながっている。

愛川町の保全活動では、フィールドが中津川の河畔に面していることから、竹林整備作業の後、川原

竹で野外料理

荒廃竹林を整備

で行われる焚き火を囲んだ野外料理が人気になっている。最近は間伐体験型交流活動が市民の週末レジャーやホビー活動の場として注目され、参加者は増加傾向にある。

これらのような竹林再生と地域の活性化を都市住民との交流でつなげる取り組みは、地方における竹林再生のモデルとして注目され、二〇〇九年からは静岡県伊豆の国市での取り組みもスタートした。

日本の竹ファンクラブは設立以来、一貫して竹林再生の新しいスタイルを提案、普及してきた。今後も魅力的な組織づくりと楽しいプログラムの開発を進め、市民参加による竹林の保全活動を促進していく予定である。

（日本の竹ファンクラブ）**平石真司**

伝統栽培を継承し竹の文化の創造を

竹やぶをタケノコ畑に

近年、全国各地で竹林の荒廃が目立つようになったが、京都府の長岡京市まちづくり市民懇談会はいち早く「竹林整備・竹工房プロジェクト」を立ち上げ、市民有志による竹林整備のボランティアをスタートさせた。私がこれに参加したのは二〇〇〇年のことである。そして三年後にボランティアグループ「長岡京市竹林友の会」として独立。二〇〇四年からは長岡京市農業委員会の斡旋で、市内の西に広がる西山丘陵の一角、長法稲荷に隣接する四〇〇〇㎡の放置竹林を借り、間伐整備を始めた。

農家の人手不足などから半世紀以上も荒れるに任せていた竹やぶは、モウソウチクが増殖を繰り返して密生し、昼でも薄暗く、伸びた地下茎が周囲の潅《かん》木《ぼく》を枯らしていた。その中で、週二回、六〇～七〇歳代を中心とした高齢者十数名が手ノコギリで作業する。

ようやく六年たった現在、枯竹が散乱していた竹やぶも、日が差し込む美しい竹林に整備され、良質なタケノコが収穫できるタケノコ畑に再生することができた。

この間、我々の活動が西山の景観美回復と地下水涵養《かんよう》に尽力したことが認められ、「京都キワニスクラブ社会公益賞」「長岡京市市制施行35周年記念功労賞」「京都水つくり賞」などを受賞している。

現在のボランティアメンバーは二四名だが、この五年間でボランティア活動の参加者は延べ約三〇〇〇名となった。整備対象となる放置竹林も当初の倍以上の面積となり、二〇〇九年現在で八三〇〇㎡となっている。

こうした状況を踏まえて今後の活動に備え、二〇〇八年七月、「長岡京市竹林友の会」をNPO法人「竹の学校」に改組した。

エコツアーと竹林コンサート

どこのボランティアグループも同じだと思うが、我々「竹の学校」も資金難でやりくりが大変だ。現在は京都府や長岡京市などの助成金が交付されているので、これを周知活動や農具の購入などに充て、タケノコ栽培に必要な肥料代などは、収穫したタケノコを使って捻出している。

放置竹林を整備

といっても、無報酬のボランティアがタケノコ価格に値崩れ等を引き起こすことはできないから、我々のタケノコは市場に出荷しない。当初から、収穫したタケノコを各人が自腹を切って買い取り、ほかにエコツアー客を招いて、入山料（一人五〇〇円）と掘ったタケノコの頒布代をもって資金に充てている。

エコツアーは二〇〇七年から実施しているが、初年度で約一〇〇名、翌年には一二〇名もの参加者があった。

もともと当地のタケノコ畑は、高級食材である京タケノコの本場であり、乙訓《おとくに》方式と呼ばれる「京都式軟化栽培法」で土壌を柔らかくしてある。このため、フカフカの絨毯のような竹林の中には、所有者や作業者以外は立ち入りできない。エコツアーを実施するにあたって、我々は竹林内に板の遊歩道をつくり、参加者がむやみに土壌を傷めないように工夫した。竹を間近に見ながら環境について学習し、炭やき（竹炭づくり）やタケノコ掘りが体験できるようになった。それでも観光農園ではないので、受け入れ態勢には限りがある。そのため、今のところ参加者は関西の環境団体と、日本文化への理解を深めてもらうための留学生などに限っている。

「京都式軟化栽培法」という伝統的なタケノコ栽培法を継承することは、我々の目的である。二〇〇年にわたって耕作された竹林の土層は敷きわらと客土が毎年重ねられ、自然と人工が巧みに混ざり合い、練り上げられた、日本の農業文化そのものであることがわかる。そして、放置竹林からタケノコ畑へ再生させたこの土壌の上に、さらに新たな竹の文化をつくり出すこともまた、我々のもうひとつの目的である。

その試みとして、毎年秋に「竹林コンサート」を開催している。収穫の終わったタケノコ畑に、間伐した竹を利用して手づくりのベンチを設営し、簡易舞台をつくって、日本の伝統や里山の環境をテーマに多彩なプログラムを組んでいる。このコンサートには京都府からの助成金があり、入場無料で開催することができるので、毎年大勢のお客さまをお迎えしている。

ワラの上に土をかぶせる客土の作業

他にも竹文化の周知活動として、竹のシンポジウムや写真展、工芸展なども開催している。

竹林整備で地球温暖化対策

これまでの我々の活動は、竹林の置かれている「場」を中心としたものだった。今後は伐採した竹材の有効活用や、竹が持っている抗菌作用やリラックス効果を利用した竹林セラピーなど、竹の特質を利用できないものかと考えている。

さらに、地球温暖化対策に二酸化炭素吸収能力の優れた竹を利用できるのではと、新たな期待も生まれている。

最近よく耳にするカーボンオフセットとは、我々が日常生活の中で排出した二酸化炭素を、植林や森林保護、クリーンエネルギー事業などにお金を出すことで相殺し、間接的に二酸化炭素を吸収していこうという考えである。つまり、現在の地球温暖化対策は、森林が持つ二酸化炭素の吸収力にゆだねられているといってもよいだろう。

竹にも、樹木に負けないだけの吸収能力があるといわれているが、日本の森林の中で竹林の占める割

竹の先端を切る先止めが施されるので竹林はこんもりとした景観。「京都式軟化栽培法」のひとつである

肥料が流れないように竹林の斜面に浅い溝をつくる

四方を竹に囲まれた中での竹林コンサート。琵琶の名曲が奏でられる

合は全体の一・二％（全国平均）と極端に少ないために研究も進まず、その優れた吸収能力は見落とされがちだ。タケノコ畑でもある竹林には、光合成の盛んな若い竹ばかり生えている。また、光合成が衰えてタケノコを生めなくなる竹齢八年以上の竹は伐採してしまう。その後、竹は地下茎を使って勝手に増殖するので、手間をかけて植林する必要もない。竹の生態を知ると、地球温暖化対策にぴったりの植物だということがわかる。

放置竹林の間伐が、このカーボンオフセットの対象となれば、とても便利に環境に寄与することができるはずだ。

竹の学校のボランティアメンバーによる整備竹林　〈写真・竹の学校〉

新しい公共行政を

社会の少子高齢化が進み、人手が里山に入らなくなった。木材も竹材も経済性を失い、里山はいよいよ荒廃していく。

日本の山林も竹林も民有地が圧倒的に多く、行政が民有地に介入することは難しい。また、相続税減免措置という厄介な問題もある。環境破壊を目前にしても、そのために税金を使った整備もできず、立ち竦《すく》んでいるだけだ。

これまでの公共行政のあり方は、役割を終えた。環境問題を早急に解決するためには、新しい「公」のあり方をつくり出す必要がある。具体的には民有地の公共的側面も検討されるべきで、それには国民的合意がなければならない。竹林整備は、ボランティアだけに頼るという段階をとうに超えてしまっているのだ。

（竹の学校）**杉谷保憲**

ミニ独立国「チクリン村」

チクリン村の誕生

一九八三年一一月二三日、全国一のモウソウチクの産地である鹿児島県宮之城町（現在、さつま町）に「みやんじょチクリン村」が開村した。みやんじょチクリン村は、宮之城商工会青年部から若者から始まった、竹をもとにしたまちおこし運動である。ミニ独立国は、大分県宇佐市の「新邪馬台国」や井上ひさし氏の小説「吉里吉里人《きりきりじん》」がきっかけでブームとなり、チクリン村という独立国は、全国で五〇番目、鹿児島県で三番目の誕生となった。

チクリン村は実在する村ではなく、精神運動である。開村当初、公園や施設だと思っている来訪者や問い合わせをしてくる方には、「チクリン村は村民の心にある」と伝えていたそうである。その後に、宮之城伝統工芸センター、かぐや姫の里ちくりん公園、宮之城ちくりん館ができ、実際に訪問できるようになった。エコミュージアムの考えにも通じるものであり、地域全体をチクリン村という博物館と考え、地域の最大の資源である竹をよく知り、住民自ら魅力的なまちづくりを目指している。

開村するきっかけは、過疎化への危機感であった。過疎に負けない元気なまちをつくろうと、商工会青年部が奮起して夏祭りを盛り上げ、「ミスかぐや姫」を誕生させた。他にも竹でつくった竹御輿《みこし》、若い女性が担ぐギャル御輿など、イベントを住民参加型に変えていったことが始まりである。開村前の二カ月間は毎夜議論が続き、開村へとつなげた。

チクリン村の取り組み

チクリン村では、住民と行政、各種団体が一緒になって竹の有効活用をはかり、竹産業の振興と竹文化の掘り起こしのため、さまざまな構想を打ち立て、実現への努力がはかられた。

宮之城町の竹林面積は、町村単位では全国一を誇る。町内にはモウソウチクの大群落があり、竹の種類も二八種を数える。「竹とかぐや姫の里」をキャッチフレーズにして、全国一の生産量を誇る竹を目玉にした物語づくり、焼酎やお茶など農作物の販路拡大などに取り組んでいる。

最初に行ったのは、チクリン村のPRを兼ねて、有志がモウソウチクを切り出し、一二月には鹿児島市内にジャンボ門松をつくるというキャラバン隊結成による、門松普及キャンペーンである。

この門松キャラバンは総勢三〇名、トラックなど車七台で、鹿児島市役所、知事公舎、県庁、県議会議事堂、デパート等に門松を立ててまわった。町内には高さ四・五mのジャンボ門松を立て、門松見本展や門松の製作を行い、県内外へ発送した。町内では商店街や温泉旅館街が門松を飾り、一般家庭でも門松を立てるようになり、正月明けの七日は、門松を回収して燃やす「鬼火焚き」の風習を復活させた。

このキャラバンは、その後の物産販路拡大につながっており、デパートと提携してミニ門松の販売を行っている。

宮之城伝統工芸センター

モウソウチクの半加工材料

チクリン村の仕組み

チクリン村は事業推進のための執行組織として、村長、助役、収入役、教育長、村議長の五役を最高機関とし、いくつかの部門に分かれて活動しており、四役部長会、教育委員会、部長、収入役室長、村議会などがある。村民は村税（年会費三六〇〇円）を払って登録をしている人で、チクリン村の協力者として、翁《おきな》・媼《おうな》村民がいる。他に、チクリン村新聞社、チクリン村観光大使、翁・媼特別村民閣

センター内の竹製品などの売り場

僚、チクリン村選出衆議院議員、チクリン村選出参議院議員というユニークな名前が並んでいる。部は、①村便りの発行や勉強会などを行うアイデア部、②イベントの企画を行うイベント部、③特産品開発や販売を行う物産流通部、④人材育成や地域内の交流をはかるタケンコ部、⑤スポーツの普及促進を行うスポーツコンベンション部の五つに分かれている。タケノコを帽子に図案化した村章、村旗やマスコットキャラクターなどもつくられ、「遊び心」が伝わってくる。

チクリン村では、一年を通じて、いろんなイベントを行っている。

チクリン村の年間行事

・四月　タケノコ掘りツアー
・五月　竹の市
・七月　川内川川下り
・八月　宮之城夏祭り
・九月　お月見コンサート
・一〇月　物産展

・一一月　みやんじょフェスタ
・一二月　門松キャンペーン、ミニ門松販売

村民憲章と村おこし宣言

村民憲章には、「あたいたっ村民な、みんな仲ゆして明るして住んよか村を創ったため、力いっぺきばいこと誓で」とある。標準語で言うと、「私たち村民は、みんな仲良くして明るい住みやすい村を創るため、力一杯努力することを誓います」という内容である。

村おこし宣言には以下のように記されている。
・ほがらかな心でみんなを思いやる気持ちを忘れず、いつも明るく、楽しく暮らそう
・まわりの人とみんな仲良くしてつきあおう
・ふるさとの自然は皆のもの。一人一人が大切にして守り続けよう
・地場産品の技術を高め、販路の拡大につとめよう

チクリン村の施設

チクリン村の代表的な施設には、以下のようなものがある。

宮之城伝統工芸センター

一九八六年に、竹資源を生かした伝統工芸の保存と継承、地域の振興発展のための施設として建設されたチクリン村の拠点である。センター内に、みやんじょチクリン村役場を設置し、イベント情報やチクリン村に関する情報を発信している。竹の生態系などの解説や工芸品などの展示があり、竹工芸の体験教室は人気がある。協同組合「特産品フレッシュ宮之城」をセンター内に設け、地元で製作した竹製品や特産品を販売している。

ちくりん公園

川内川沿いに、四季折々のタケノコの成長や竹の色彩の美しさに触れられる「かぐや姫の里ちくりん公園」が一九九三年に開園した。植栽された竹は二四種類で、鹿児島県の代表的な竹であるモウソウチク、マダケや中国産のセッコウタンチクなど約四〇種の世界の竹を集めている。入り口には、伸びゆく竹をデザインしたモニュメントがあり、全体が庭園になっていて、川内川を望む景観も美しい公園

竹をデザイン化したモニュメント(ちくりん公園)

である。

チクリン村の現在

開村から二六年たち、村長は四代目となった。チクリン村の活動は全国的に有名となり、地域ブランドの確立と一定の経済効果が得られた。昔と比べると活動は少なくなってきているが、毎年秋にお月見コンサートが行われ、新たに宮之城温泉地区で、竹灯籠祭り「竹ほたる」が市民参加型のイベントとして定着しつつある。

まちおこしは一時の盛り上がりで終わることも多いが、何事も続けていくことが地域の価値を高めることにつながる。宮之城のチクリン村は、竹のまちとして、今もその名をとどろかしている。

（Ｈｉｂａｎａ）**松田直子**

竹灯りイベントのパイオニア「うすき竹宵」

大分県臼杵市

近年、各地で盛んに竹灯りのイベントが行われている。そのパイオニア的存在である「うすき竹宵《たけよひ》」は一九九七年の秋に始まった。

開催場所となる大分県臼杵市は、一六世紀後半にキリシタン大名であった大友宗麟《おおともそうりん》が築城した時から本格的に町が形成され、当時は南蛮貿易が行われた港町であり、キリスト教の教会などもつくられた西洋に開かれた町であった。その後、江戸時代には稲葉家五万石の城下町として栄え、今もなお城下町のたたずまいを色濃く残した町である。九州の東岸に位置し、豊後《ぶんご》水道に面した臼杵の町は、大友期に造成された道が迷路のように入り組んでおり、初めて町を訪れた人は必ずといっていいほど目的地に着くのに道に迷ってしまうほどである。「うすき竹宵」は、一般の民家や商店に混じって多くの寺社の歴史的建造物が建つ、道が入り組んだ城下町全体が会場となる。

臼杵の里山と中心市街地の課題

城下町から自動車で数分も行けば、もう里山である。温暖な気候のためか古くよりタケノコ栽培が盛んに行われていたが、安価な輸入品や生産者の高齢化などの理由で栽培規模が縮小した。それに伴い竹林の荒廃が進んでいた。もちろんすべてが荒廃してしまったのではなく、現在でも春先からタケノコを出荷する農業者たちがまだ存在しており、その時季のタケノコは市場で高値で取り引きされていた。しかし、タケノコの出荷を目的にしていない、竹が混じったスギ林や山を所有する住民も多く、それらの人々が所有する林や山も荒廃が進んでいた。

一方、郊外にできた新しい大型店などに消費者が流れ、かつて栄えた城下町一帯である中心市街地は昔の賑わいが薄れてしまい、町の活力が弱まったことが問題視されていた。

誕生から成長

　そんな時期に、大分県で開催された国民文化祭を契機として、臼杵市では竹を利用したイベントを開催することとなった。竹筒にろうそくを灯し、城下町の入り組んだ道端に並べる。また、道に面した空間を利用して竹のオブジェを制作し、町を飾る。このようなイベントを開催して、中心市街地に人を呼び込み、賑わいを創出すると同時に、郊外の里山で竹林整備の際に伐られる竹や邪魔者扱いされる竹を利用することにより、わずかだが里山の整備にも効果があるとの考えからであった。

　当初より、臼杵に残されている町並みと郊外の里山の竹を臼杵らしい方法で利用しようと、行政と民間が積極的に協力し合い実行委員会を設立して開催した。予想以上の好評で、当初「うすき竹光芸まつり」という名称で始めたが、町に根付き継続できるものにしようと「うすき竹宵」に変え、その規模も大きくなっていった。

　したがって、当然竹の使用量は増加している。現在も竹宵で使用する竹はすべて市内の竹山から調達している。毎年、モウソウチクを約五〇〇〇本伐竹している。伐竹の時期は九月である。伐竹は主として地元の森林組合にお願いする。市内外のボランティアでも山での伐竹作業を行うが、こちらは主に竹の加工を担当することになる。加工には約二カ月を要する。

進化する「うすき竹宵」

　一般的に竹灯籠と呼ばれる、長さ五〇～八〇㎝の筒状に切断したものを、竹宵では「竹ぼんぼり」と呼んでいる。竹加工の基本形として形状的にいくつかの決まりがあり、それを守ってつくられている。一方、竹のオブジェは基本的にそのデザインは自由であり、寺社の境内や公園や通常は駐車場等に使われているスペースに竹を加工して空間を飾る。

　これらの制作は多くのボランティアで行われており、地元のさまざまな業種の市民、高校生、中学生、小学生、大分県内外からの大学生たちなどが制作者となる。また、一〇年以上の年数を重ねたことで、かつて大学生の時に参加して現在社会人になった若者たちが、新たな仲間を引き連れてオブジェの制作に関わってくれている。学生の中には臼杵で一月近く寝泊まりをして作業をする猛者もいて、制作の回数を重ねるたびに市民との関わり方も強くなり、「臼杵は第二のふるさとのような感じだ」という学生もいるようになった。竹を使って町を飾るという共通の目的を持って市民と若者たちはお互いに刺激しあいその芸術性を高めることに工夫を重ねている。

竹宵には、小学生から高齢者の方までがスタッフとして関わっており、その数は二〇〇〇人を超えるといわれている。実際のところ、実行委員会でも人数の把握ができないほどである。多くのスタッフが関わり町全体で行う「うすき竹宵」は、二日間に約一〇万人の来訪者で賑わう。

竹宵は地元に伝わる臼杵石仏を建立した炭やき小五郎こと真名野長者《まなのちょうじゃ》の一人娘である般若姫の御霊が、ふるさとに帰ってきた時に里人たちがあかりを灯して迎えたという「真名野長者伝説」を由来としており、竹灯りで飾られた古い町並みが一層魅力を増し、夢の中のような独特の雰囲気が広がる。使用するろうそくの数は一晩で約四万五〇〇〇個、二晩で約九万個を使用している。また、前日に行う前夜祭、一週間前の安全祈願等をする行事である「七宵」を含めると、一〇万個を超すろうそくを使用する規模となっている。

これらの開催費用は、伐竹費用も含め行政と市内を中心とした企業からの協賛金、市内外の個人からの募金等でまかなっている。

使用後の竹利用

うすき竹宵では、毎年最終日午後九時消灯後、竹ぼんぼりの撤去作業を行う際に、竹ぼんぼりを欲しい方には無料で差し上げている。両手に抱きかかえて持ち帰る人や、中には市外からトラックの荷台に竹を山積みして持ち帰る人たちもいる。臼杵で使われた竹ぼんぼりや竹のオブジェを後日、家庭の庭に並べたり、地域で行う竹灯りのミニイベントとして

「うすき竹宵」のハイライトは竹灯りのオブジェ

の二次利用をするらしい。

残った竹は一部を炭にしているが、残念ながらすべてを有効利用できていない。そこで現在、使用した竹を農業等に生かすべく竹の堆肥化等の研究を、大学の研究機関と提携して進めている。近い将来には「うすき竹宵」で使用された竹を利用した堆肥などで農作物が栽培されるようになることも予想される。

「イベント」から「まちづくり」へ

臼杵では、「うすき竹宵」が一〇年以上継続して行われたことがきっかけとなり、竹や里山の保全などに関心のなかった人たちの中にも徐々に関心を持つ人たちが増えている。また、地域の歴史や地域の文化を大切に磨いてゆこうという機運も興っている。

当初はイベントとして始まった「うすき竹宵」であるが、今後はより多くの人たちが関わる「まちづくり」へと進化してゆくことになるのだろう。

（うすき竹宵）**高橋真佐夫**

竹笹園と竹工芸センター

竹をテーマに整備された県民の森

大多喜県民の森は、房総半島の東南部、「城と渓谷の町」大多喜町（千葉県）の北西に位置し、房総丘陵の緑豊かな森林の一角にある。施設面積は六一ha。尾根沿いに設けられている遊歩道や展望台からは、大多喜城と周辺の山並み、大多喜の町並みが展望できる、自然環境に恵まれた憩いの森である。施設内の森林は、スギ、ヒノキ、マツを主林木として、ツバキ、ナラ、モミジ等の広葉樹が混生し、メジロ、ウグイス、ホオジロなど野鳥も数多く生息しており、春は新緑に、秋は紅葉と、森林浴や自然観察が一年を通して楽しめる。

この地域は、県下でも有数の竹林面積を有する、古くからタケノコの産地である。また、竹箒等さまざまな生活道具に加工されることで、竹は生活の中に深く浸透している植物である。さらに竹は、安全性や環境への影響といった面でも優れた性質を有している。大多喜県民の森は、こうした竹の世界をテーマにして整備されているのが特徴である。

竹工芸センター

オカメザサの垣根

竹の情報を発信

「タケの情報館」は、①県内外から寄せられた竹工芸品等約二二〇品を展示、②コンピューターや模型によるタケノコの生育状況の説明、③パネルや実物による国内外の竹の説明展示、④古来より使用され

オウゴンチクと竹穂垣（竹笹園）

てきた竹の生活道具、農具、漁具、楽器などの展示等により、広く竹に関する情報を伝えることを目的に整備されている。見学は無料。

竹笹園

竹は、古くから日本庭園や盆栽といった観賞用にも利用されるなど、その種類は非常に多く、生育上の特徴や形も多種多様である。「竹笹園」は、さまざまな竹の生態等を紹介するため、県内外の代表的な約八〇種を集めて育成し、展示した見本庭園。観察路が設けられ、日本庭園をモチーフとして造園されているが、一角ではモウソウチクの開花周期を調査するためのモウソウチク林を育成しており、学術研究的な一面も担っている。

竹工芸センター・研修館

「竹工芸センター」では、竹とんぼやウグイス笛、水鉄砲などの竹細工体験を行うことができる（予約制）。また、親子の竹工作教室、竹皮ぞうり教室、竹籠教室、ミニ門松づくり教室といった催し物も開催している。

（大多喜町役場）**菅野克則**

竹炭癒しの里の展開

隠居している場合ではない

「平均年齢七〇歳の高齢者チームが、山村で竹炭をやいている」

「品質のよさにも定評があるらしい」

「組合員には、時給七〇〇円が支払われているとか」

「しかも、働く人たちが、みんな生き生きしている」

そんな話が全国的に広まり、山梨県身延町和田峠の竹炭の里には、連日のように視察や見学の人たちが訪れる。竹炭や竹酢液、それに竹や竹炭でつくった三〇種類以上の商品を、遠方からわざわざ買い求めに来られる方も少なくない。

現在、私たち「身延竹炭企業組合」のメンバーは四〇人。みな地域の高齢者ばかりだが、元気に四基の炭やき窯をフル稼働させて、毎日、竹炭をやいている。一年のうちで休みは元旦だけの年中無休。時給はベテランも新人もみな一律だが、各人の生活リズムに合わせて自由に就業形態が選べるフレックス制となっている。

企業組合とは、中小企業等協同組合法に基づく特別認可法人で、個人が組合員となって出資するとともに、自らが従業員となって働くことができる。これは、高齢者である私たちが「利益を上げながら・生きがいを感じて・地域の活性化のために役立つ」という三つの目標を同時に実現させていくために、最も適したスタイルであった。

竹炭づくり事始め

身延町は、日蓮総本山身延山久遠寺の門前町で、町の中央を流れる富士川を挟んで東西それぞれに急峻な山々が連なる、山間の町である。

周辺の山々はモウソウチクの産地であり、かつては勝沼や甲府のブドウ畑で収穫に使う籠の材料として重宝されていたが、戦後はプラスチック製品に取って代わられ、需要が減った。さらに追い討ちをかけるように、町全体の過疎化と高齢化が進み、二〇年ほど前には一五〇haもあった竹林の手入れをする人がいなくなってしまった。

当時、山梨県会議員だった私は、「このまま竹林を荒れるに任せておいてはもったいない、なんとかしなくては」と考えていたのだが、勝沼のブドウ農家が剪定した蔓《つる》を炭にしていることをテレビで知り、これを竹に応用できないかと思いついた。さっそく身延町の町長に相談したところ、町の予算で約二〇万円のドラム缶窯二基が導入されることになり、竹炭づくりへの挑戦が始まった。それからの経緯は次のとおりだ。

里山の一角を占めるマダケ竹林

炭やき窯が並ぶ

一九九〇年…六人でボランティアの「竹炭研究会」発足

一九九七年…五二人が一人一万円を出資して「身延竹炭生産組合」発足。和田峠に本格的な炭やき窯を築く

一九九九年…法人化し「身延竹炭企業組合」設立。林野庁（当時）と山梨県の助成金が交付され、二号窯を築き、竹カッターなどの電動機械を導入

二〇〇一年…農林水産大臣賞受賞

二〇〇二年…山梨県中小企業団体中央会モデル組合指定

二〇〇三年…地域活性化貢献賞受賞

二〇〇四年には『平成一六年版国民生活白書』に「シニアパワー全開の竹炭づくり」として私たちが取り上げられ、身延の竹炭づくりが地域に根付いたことを実感した。

現在、身延町のホームページには町の特産品として、何百年という伝統を持つ「みのぶゆば」や「西嶋和紙」などと並んで、「竹炭」と書かれている。

目指せ一級品！

身延のモウソウチクをここまでに仕上げるには、試行錯誤の連続だった。それでも専門家のアドバイス、最新技術の導入、そして組合員たちの「いいものをつくろう」という思いがあったからこそ、誰もが納得する高品質の炭にたどりつけたのだと思う。

最初に本格的な炭やき窯をつくったときも、地元の和田峠の土からつくる「土窯」にこだわったのは、品質の高い炭をやきたかったからだ。しかし、高齢で素人ばかりの私たちが経験や勘を身につけるのは、大変というか不可能。そこで職人になりきれない分は、現代の最新技術で補うことにし、窯には温度管理ができるセンサーをとりつけた。

「日本竹炭・竹酢液協会」の専門家の皆さんからは、技術指導や資材の開発にご協力いただいた。特に「福井炭やきの会」の会長（現相談役）だった鳥羽曙氏には燻煙窯の設計をお願いし、先に燻煙処理を施してからじっくり土窯でやくという二段階方法で、品質のよい炭がやけるようになった。

また、静岡県浜松市の丸大鉄工㈱の大石誠一氏は竹を切る刃物のエキスパートで、竹専用のカッターを開発していただいた。他にも、電動の竹炭切断機、自動結束機、竹酢液の蒸留装置など、最新技術を導入して作業の安全性を高めると同時に、組合員の肉体的な負担を軽減し、作業効率をグンとアップすることができた。

私たちの組織には、高齢者に対する「優しさ」と、高品質な商品を販売する企業体としての「厳しさ」、この二つが必要なのだ。

人の心を癒す竹炭の里

竹を炭にすることで、和田峠の竹炭の里は、いつのまにか高齢者が自然の中で生き生きと活躍する、心の拠り所となることができた。それぞれの職場で懸命に働いてきて、定年を迎えた私たちには、「これからは自分や家族のためだけでなく、残された人生を地域のみんなのために」という思いがある。それが竹炭の里を訪れる人たちにも伝わるのか、ここへ来た、ある気功の先生がこんなことを言っていた。

「東京には、不景気やリストラで傷つき病んでいる人がたくさんいる。ここはそんな人たちを癒すことのできる、すばらしい場所だ」

竹炭をやいて販売するだけにはとどまらない「何か」を私たちに求める声が、他にもたくさん寄せられている。

私たちは全員、身延の山育ちで、山の豊かさを身を持って体験した、日本では最後の世代かもしれない。でもこれを本当の「最後」にしてしまってはいけないのだ。今の子どもたちや、その親たちに「本当の山の豊かさ」を伝えるのは、私たちの使命だ。

昔ながらの里山がそのまま保全されている和田峠で、新たな「竹炭癒しの里」を展開していきたいという思いが、私の胸にわき起こる。現在は、子供のために炭に絵を描くワークショップや、簡易窯での炭やき体験を開催している。

毎年四月下旬に行われている「竹炭まつり」も、昨年で一二回目を数えた。祭りの日限定の竹炭入りパンや、タケノコご飯などの屋台が出て、歌謡ショー、カラオケ、宝探しなどで春の一日を楽しんだ。

ラオスとの海外交流も長年続けられていて、直売店ではラオスに井戸を掘るための募金の竹筒が置かれているし、現地の特産である籐の籠と組み合わせた竹炭工芸品もつくっている。

「竹炭癒しの里」の実現に向けて、やりたいことはまだまだたくさんある。

（身延竹炭企業組合）**片田義光**

竹炭、竹酢液などの直売店

竹炭は優しさと厳しさの産物

竹林オーナー制度による里山保全

二〇〇四年度にオーナー制度を開始

豊富な竹林資源と温暖な気候を生かして生産される「さつまタケノコ（早掘りタケノコ）」（一〇～三月）は、関東や関西などの中央卸売市場で高い評価を受けている。県北西部に位置する川薩地域の中でも、さつま町は、昭和三〇年代初めからいち早く、「早掘りタケノコ」の生産に取り組んでおり、県内有数のタケノコ優良産地である。

鹿児島県におけるタケノコ生産量は、一九六五年で四〇〇〇tであり、その後順調に推移していたが、一九八六年の二万三〇〇〇tをピークに、一九九一年は八四〇〇tと生産量は減少しつつある。さつま町においても他産地同様、高齢化や後継者不足などによって生産者数、生産量ともに減少傾向にあり、それに伴って利用されない放置竹林（荒廃竹林）も年々増加している。

こうしたことから「この放置竹林を何とか再生・利用できないか」という声が高まり、①竹林の維持・再生、②都市と農村との交流、③新たなタケノコ生産者の育成を目的とした「竹の里かぐや姫竹林オーナー制度」を二〇〇四年度にスタートさせた。この制度の推進にあたっては、地元のさつま農協（生産部）、北薩地域振興局（林務課）、さつま町役場（耕地林業課）の担当者からなるプロジェクトチームを結成し、農協が全体の調整と契約の締結、北薩振興局が竹林の測量や区割りとオーナーに対する技術指導、さつま町が竹林所有者の調査と観光面での情報提供など、それぞれの役割を分担し準備を進めた。

三年間で七九人のオーナーと契約

貸し出す竹林については、所有者より「見ず知らずの人に貸すのは不安がある」といった声もあったことから、農協と所有者とで賃貸借契約を取り交わし、それを測量・区割りして（二〇〇四、二〇〇五年度は、一区画五〇〇㎡、二〇〇六年度は一区画一〇〇〇㎡）オーナーに貸し出す方式を取り、タケノコ生産・竹材の利用・竹林の管理・維持は基本的にオーナーの自由とした。また、年間の貸し出し料金は、竹林の状況によって三段階に区分され、Aランク（近年竹林改良済み）は一万五〇〇〇円／五〇〇㎡、Bランク（手間をかければ改良竹林に戻る）は一万円／五〇〇㎡、Cランク（未改良竹林）は五〇〇〇円／五〇〇㎡とし、契約期間は五年とした。

オーナー制度で竹林を維持・管理

オーナー募集については、地元新聞に掲載を依頼した。特に初年度（二〇〇四年度）は、これまでにない新たな取り組みとして、新聞や雑誌、テレビ各社で紹介された影響もあって大好評で、問い合わせや申し込みが殺到した。あまりの多さに、当初一カ月間の募集期間に対して、五日間で終了するほどであった。

募集終了後、制度の説明会と現地案内会を開催し、応募者が実際に竹林を確認し希望する区画を選択したうえで契約を結んだ。

二〇〇四～二〇〇六年度の三年間で、九〇区画（約五・三ha）、七九人のオーナーと契約することとなった。その約九割が鹿児島市内やその近郊に住む方であり、特に五〇歳代の、団塊世代を中心とする年代の方々が多い。

オーナーと地元住民の交流も盛んに

ほとんどのオーナーが家庭菜園の経験はあるが、タケノコ生産についてはまったくの未経験者である。そのようなオーナーから「どのように管理するときれいな竹林になりますか」という声が多かったため、竹林管理の研修会を開催し、竹の年齢の見分け方や伐竹作業、施肥管理の方法、タケノコの探し方や収穫方法などの基本的な作業について技術指導を行った。また、地域住民との交流をはかるため、オーナーと竹林所有者、タケノコ生産者、各関係機関との交流会も開催された。

竹林の管理状況は、程度の差はあるものの、ほとんどのオーナーが付近のモデル竹林を視察し、竹の密度、土留め、伐竹や施肥方法をタケノコ生産者から学び、管理作業を進めてくれている。中にはプロ顔負けの状態に整備したオーナーも多数おられ、生産したタケノコを農協に出荷する方や、もっと広い竹林を借りて本格的にタケノコ生産を行いたいという希望者も出てきている。

プロのタケノコ生産者育成も視野に

この制度は、放置竹林対策の一環として取り組んだものであるが、都市部住民の「竹林オーナー」に対するニーズは予想を超えるものであった。制度を進めることで、貸し出す竹林は年々増加し、確実に竹林の荒廃防止につながっている。また、交流会等を通じて都市と農村との交流もはかられ、地域活性化に大きな役割を果たしていると思われる。

今後、竹林オーナーの区域拡大にあわせて、地元の所有者などを技術指導の講師やスタッフにするなど、地域の人を主役にして、さらなる地域活性化と人材育成をはかっていきたいと考えている。

また、タケノコ生産に加え、竹炭やきや竹工芸など、オーナー制度を飽きのこない魅力あるものにするなどの充実をはかるとともに、熱心なオーナーの中からプロのタケノコ生産者の育成も行っていきたいと考えている。

（ＪＡさつま）**北野勇一**

竹のインスタレーション

インスタレーションとは

エコ・リンク・アソシエーションは、先人の貴重な遺産と美しい自然環境が遺された薩摩半島の西南地域において、環境共生型社会の実現に向けた実験的事業に取り組んでいる。環境共生を軸に、農山漁村の活性化、環境保全活動、福祉課題の解決、ツーリズムによるまちづくり、自然塾による若手育成事業などを実施しており、特に都市—農山漁村の交流による、地域の心と人と経済の活性化に力を入れている。

これらの活動の一環として、薩摩半島の南西部を流れる万之瀬川《まのせがわ》、花渡川《けどがわ》を舞台に、「水」というテーマのもと、自然の素材を使ったアートプロジェクトに取り組んでいる。アートプロジェクトといっても、モニュメントとして永久設置するようなものをつくると、制作費や制作日数が膨大化してしまうため、仮設を前提としたインスタレーションと呼ばれる表現を行っている。インスタレーションであれば、その土地で容易に入手できる材料を使用することができ、設置場所も展示期間だけだから交渉もしやすい。

そして、身近な自然素材として大きな役割を果たしてくれたのが竹である。

夜間、光の点の連なりとして「浄水ライン」が浮かび上がる（鹿児島県南さつま市）

会期中、堤防に船尾を突っ込み、湧水を積む（鹿児島県南九州市）

144の水箱が連結して「浄水ライン」を形成（鹿児島県南さつま市）

田んぼの用水路が交差する地点に「水駅＝人の水」を設置。水と大地のジョイントを広げる（鹿児島県南さつま市）

使われなくなったハウス3棟に手を加え、「水駅＝天の水」への道をつくる事業を開始(鹿児島県南九州市)

「80ℓの水箱」をのせる背負子は、竹でつくられている。花渡川でアートプロジェクトをスタートさせる(鹿児島県枕崎市)

万之瀬川アートプロジェクト

川は単なる「水の通り道」としてしか捉えない傾向があるが、本来流域とは、本流、支流、用水路等が複雑に絡み合った、織物のようなものだ。特に万之瀬川は、上流が樹枝状態に、中流は乱網状に近く、下流はまた樹枝状態に戻るといったように、まさに網目状の織物といえる。そして川は、「水の道」と「人の道」が織りなす織物でもある。

100mの竹の筏づくり。本番に向け、川へ筏をおろす作業をしている（鹿児島県枕崎市）

一九九九年に開催された万之瀬川アートプロジェクトでは、この「水の道」と「人の道」が交わる交差点を「水駅 Water Station」と命名。常に川には、「天の水（雨水）」「地の水（湧水）」「水の水（浄水）」「人の水（用水）」の水駅が存在しており、これらをアートによって連動させることを試みた。

まずは、万之瀬川の支流、麓川沿いに放置された養鶏用のビニールハウスを改造した「水駅―天の水」を製作するために、鬱蒼《うっそう》とした竹やぶを伐り開くことから始まった。ここで伐り出した竹が、「水駅―天の水」「水駅―地の水」「水駅―人の水」「水駅―水の水」の製作にも活用されている。

花渡川アートプロジェクト

二〇〇六～二〇〇八年は、花渡川でのアートプロジェクトを行った。それぞれのテーマは、二〇〇六

島は環境変化を敏感にとらえる基地。環境を考え、つくり育てる行動へ（鹿児島県枕崎市）

世界の五大陸づくりに挑戦。直径10ｍの大陸をクレーンで川まで運ぶ（鹿児島県枕崎市）

年「水山車《だし》が花渡川を渡る日」、二〇〇七年、「一〇〇ｍの水筏《いかだ》が南方に向かう日」、二〇〇八年「五輪の浮島が漂着する日」である。

二〇〇六年は、まず花渡川の下流で水を汲み入れた「八〇ℓの水箱」を背負子にのせて上流に運び、次にその水箱を積み込んだ水山車が、担ぎ手によって川を練り歩いて下流へと向かい、最後に河口ではすべての水箱を合体させて「水の輪」と呼ばれる構造物をつくった。この時使われた背負子と水山車は、竹でつくられている。ちなみに、このアートプロジェクトの記録を素材とした作品が、世界環境日の展覧会に採用された。

二〇〇七年は、五・五ｍの竹でつくった筏を一八基つないで一〇〇ｍの長い筏をつくって川を下り、最後には筏を解体して円形にして、水の上にひとつの集落をつくった。

二〇〇八年は、竹で直径一〇ｍの浮島（大陸）を五つつくって川に流し、河口で五大陸を集結させた。

（エコ・リンク・アソシエーション）**下津公一郎**

野外クッキングで竹材の利用

竹は便利な野外クッキングツール

竹林の管理で竹を伐り倒すのは簡単だが、その後の処理は大変である。それを有効に、そして面白く使おうというのが、竹の野外クッキングだ。ここでは、一般の方にいろいろな森林体験活動の場を提供している森の駅「小さな森」（山口県美祢《みね》市）のプログラムを紹介する。

小さな森では、森林体験や伐採管理等で出る素材を使った、いろいろな遊びが体験できる。中でも竹は、便利な素材として重宝されている。竹は節の間が中空だから、同じ太さの木と比べて中空の竹は、伐り倒すのは簡単で、軽い。しかも、縦に割りやすく、加工しやすい。素人でも扱いやすい素材だからだ。

また、竹には数種類あるが、代表的なのがモウソウチクとマダケである。マダケの稈は薄くて弾力性があり、曲げや圧力に対する抵抗性が強いことから細工に適している。野外クッキングでは、箸や食器の素材として適している。モウソウチクの稈は分厚いので、繊細な細工物には向かないが、大きくて肉厚で硬いので、食器や鍋代わりになる。

竹を心棒にしてつくるバウムクーヘン

まずは、竹稈を心棒代わりに使うバウムクーヘンを紹介しよう。バウムクーヘンとは、ドイツ語で「木の年輪」を意味するお菓子だ。

材料（直径一五cm、長さ四〇cmの一本分）

卵四パック（四〇個）、バター三箱（六〇〇g）、薄力粉一袋（一kg）、砂糖〇・五袋（五〇〇g）。それぞれ四：三：一：〇・五の割合で覚えると簡単。

生地のつくり方

①ボウルに卵を割り、かき混ぜる。
②卵が混ざったら、砂糖と溶かしたバターを加えよ

く混ぜる。

③最後に薄力粉を加えてさっくり混ぜる。

　また味の工夫として、ケーキづくりのように黄身と白身を別々に泡立てたり、生地にココアやチョコレート、砕いたピーナッツを混ぜても美味しい。生地づくりが面倒な場合は、ホットケーキの素を使うという手もあるので、いろいろ試してみよう。

焚き火と竹の準備

　焚き火の幅がバウムクーヘンを焼く幅になるため、焚き火の横幅を広くする。また、焼くときに火力調整が必要になるため、強火とおき火の二種類の火力をつくるとよい。

　竹は二～三mの長さで、太さは七～一五cm。マダケが軽くて扱いやすい。竹が太いほど大きなバウムクーヘンができるが、モウソウチクは重いので焼く作業が大変だ。また、節ごとにキリなどで穴をあけ、節内の空気の膨張による竹の破裂を防ごう。

竹を心棒代わりにしてバウムクーヘンを焼く

輪切りにしたバウムクーヘン

焼き方

①二人一組で竹の両端を持ち、竹をあぶる。人手が足りないときは、一方にY字型の杭《くい》を打ち込み、竹の一方の端をかけて回す。あぶると油が浮くので、ふき取ってきれいにする。

②竹を回しながらお玉で生地をかけ、強火で表面を焼く。表面が固まったら中火で内側を焼く。火力は焼き位置の高さで調整してもよいが、内側が半生にならず、まんべんなく焼けるように注意する。

③表面がキツネ色（これが年輪になる）になったら、再び生地をかけて焼く。後は、これの繰り返しだ。

④焼き上がったら、熱いうちにバウムクーヘンの両端を切り、竹の一方も短く切った後、竹を回しながらバウムクーヘンを引き抜く。

こうして、焼き上がったバウムクーヘンを輪切りにすると、切り口に年輪が見える。

竹を鍋代わりにしたバンブー鍋料理

次は節間の中空を生かして、鍋代わりにするバンブー鍋料理を紹介する。

バンブー鍋は半割りタイプと、蓋タイプがある。いずれも節間を利用する。

半割りタイプは、竹をナタなどで縦半分に割るだけで、半割りを組み合わせて使う。また、蓋タイプはまず竹を横にして、高さ三分の一程度までノコギリで切り込みを二本同じ長さに入れる。そして、それぞれの切れ込みの端にナタやノミなどを当てて叩けば、蓋が取れる。

バンブー鍋は、丸みで転ばないように竹の端に切り込みを入れ、窯に引っかけるとよい。

それでは、バンブー料理をいくつか紹介しよう。

バナナパンケーキ

半割りタイプのバンブー鍋を用意する。

まず、両方の内側にバターを塗る。市販のホットケーキの素を使って生地をつくり、それに刻んだバナナを混ぜて、バンブー鍋の片方に入れる。バナナパンケーキの素がこぼれないよう、もう片方の半割りの竹を節を合わせて上にかぶせた後、針金等で両端を縛って火にかける。

中のバナナパンケーキが固まったら、ひっくり返して焼く。うまく焼ければ円柱型のバナナパンケーキが出来上がる。バナナ以外にリンゴや干しぶどうを入れてもよい。

また、本格的にパン生地を練って、竹パンを焼くこともできる。

竹ご飯

水の吹きこぼれがあるので、蓋タイプがよい。米に対し水を一・五倍入れる。タケノコの時期には、タケノコを加えた竹ご飯がオススメ。

バンブーチキン

蓋タイプのバンブー鍋に鶏肉、ニンニク、セロり、その他お好みの野菜、塩、こしょうを入れ、火にかける。蓋を開けて焼き具合を確認する。串刺しして鶏肉から血が出なくなればできあがり。

鶏肉にこだわらず、魚でもよい。昔、猟師さんがウサギ肉と味噌を入れて焼いたという話を聞いたことがある。

竹熱燗酒

これは半割りにせずに、竹の節間に酒を入れて焚き火にくべる。竹の香りがついた、なんとも香ばしい竹の熱燗酒のできあがり。

バンブー鍋を火にかけて炊飯

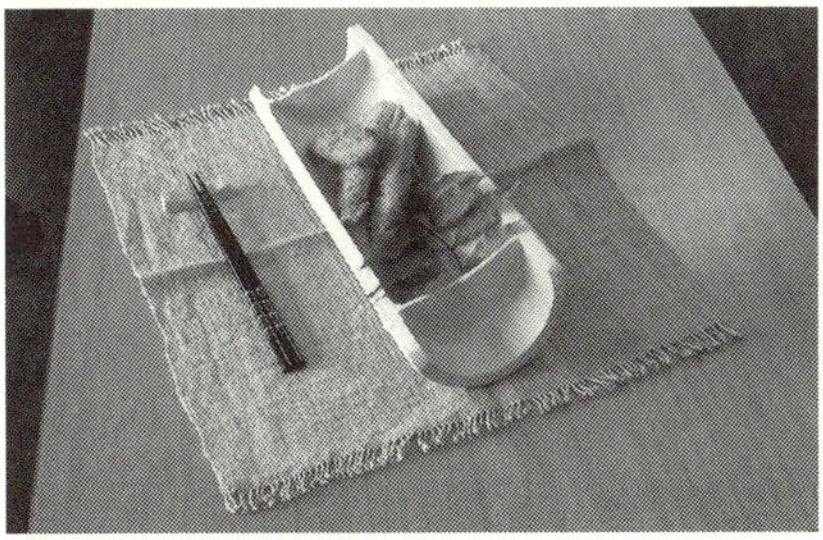

手づくりの竹食器を使う

竹で料理をつくっている間に食器づくり

バンブー鍋を火にくべて、料理が出来上がるまでの時間で、食器をつくろう。

ノコギリやナタ、小刀等を使う。竹は滑りやすいので、手を切らないように注意が必要だ。割り箸、コップ、ご飯茶碗、なんでもござれだ。食器の切れ端や、使用済みの食器は、燃料にもなる。

また、竹はささくれがたちやすいので、面取りを忘れないようにしたい。面取りを忘れて、うっかり直接口をつけると怪我の元だ。

できた料理は、美味しくいただこう。鍋から食器まで、すべて竹で楽しくできるのが、竹の野外クッキングの醍醐味だ。自分たちが手入れした竹林を見ながら食べると、味もまた格別なモノになる。

（森の駅「小さな森」）**園田秀則**
（山口県森林企画課）**山田隆信**

竹あかりで環境循環

熊本暮らし人祭り「みずあかり」

毎年、一〇月の第二の土、日曜日に熊本城周辺で開催される、熊本暮らし人祭り「みずあかり」という、竹あかりのおまつりがある（主催…「熊本城400年と熊本ルネッサンス」県民運動本部・みずあかり実行委員会、共催…熊本市）。故郷・熊本の魅力を再発見し、「ここに暮らす喜びや切なさまでも共感できる市民と地域でありたい」という思いを込め、二日間、花畑公園・シンボルロード・熊本城長塀前・坪井川などを約五万四〇〇〇個のろうそくのあかりで彩る。

みずあかりでは、竹の調達から、竹のオブジェ制作、会場設置、ろうそく点火、片付けまで、延べ二〇〇〇人以上のボランティアで行う。竹あかりのデザイン監修や制作指導など、竹あかり全般の計画・管理を行っているのが、ちかけんである。そして、もうひとつちかけんの大きな役割として、みずあかり使用後の竹の有効活用と、新たな環境循環型のおまつりへの提案と実行がある。

まつり型まちづくり手法

ちかけんは、二〇〇七年四月、熊本市の崇城大学内丸研究室にて、共に「まつり型まちづくり手法」を学んだ仲間で立ち上げた会社である。

学生時代に、大分県臼杵市の「うすき竹宵《たけよひ》」、熊本市の「本妙寺桜《はな》灯籠」、熊本県山鹿市の「山鹿灯籠浪漫・百華百彩」、熊本市の「熊本暮らし人祭りみずあかり」などの竹あかりのまつりに参加し、まつりを中心としたまちづくりの手法を学んできた。まつりに参加というよりは、まつりを一緒につくり上げてきたという意識である。一～二日で終わるまつりではあるが、年間を通して、それぞれのまちに影響を与え、まちづくりとして機能している。

内丸研究室での活動の中で、とてもたくさんの

「みずあかり」は竹あかりのまつり。背後にあるのは熊本城

方々に出会い、たくさんのことを教わり、たくさんのことを一緒にできたことで、ちかけんは始まった。

まつりには、たくさんの人が見に来てくれる。これまで一度も、竹あかりを見て、「良くない」と言う声を聞いたことはない。すべての人が「感動した」「すばらしい」などの声をあげている。

しかし、もうひとつの声として、竹についてのアドバイスがある。竹の被害の現状から伐竹時期、竹の使用法など多岐にわたる。多くの人が、竹のすばらしさを知ってはいるが、使いこなせていないと実感した。

これらの竹あかりのまつりを通して、たくさんの方々との出会い、竹あかりを見た方々の反応まで、すべての体験や実感を基に、ちかけんは起業した。

ちかけんの竹あかり

ちかけんは、まつりを中心に、結婚披露宴やパーティー会場などに竹あかりの演出をしている。また、全国各地に竹あかり制作または制作指導を行っている。「竹害から新たな竹の利用法を探していた」「竹あかりに魅せられて、自分のところでもやりたい」等、依頼理由はさまざまではあるが、竹あかりをやってみたいという依頼は大歓迎である。

花火が日本各地で開催され、多くの方々を楽しませているように、竹あかりも日本のベースのあかりとして広がっていってもらいたい。そういった想いから、制作指導などを積極的に行っているのだが、そのときひとつ大事なことがある。

竹あかりの基本のつくり方は同じではあるが、やはり、つくる人と場所によって、まったく違う印象の竹あかりとなる。常に「自分と自分のまち」を意識して竹あかりをつくることで、つくる人の心にも、そのまちにも竹あかりが残っていくと信じている。人がつくるから、「竹あかり」ではなく、「○○○の竹あかり」であることが必要なのである。「ちかけんの竹あかり」も、常にそのことを意識している。竹あかりのデザインや空間のつくり方など、常に新しいものを模索している。

環境循環型の竹あかり

さらに特に力を入れているのが、竹あかりを中心とした環境循環型の取り組みである。

大学時代、まつりで使用した竹の処理や再利用法に、違和感やもったいない気持ちを持っていた。竹炭などに利用されていた部分はあるが、相当な量を産業廃棄物や燃料として処理していた。竹害から伐竹して、すばらしい竹あかりを開催しても、最終的にはゴミとなっているのが現状だった。さらに、竹あかりは竹の太い部分しか使用しないので、伐竹後の竹山には、竹の細い部分や笹部分が大量に放置される。これでは、山はきれいにならず、里山（竹林）保全とは言い難い。

ちかけんは、設立から二年、たくさんの方々との出会いやアドバイスによって、この問題点を解決する細い糸をつなぐことができた。

まず、伐竹と竹処理だが、㈱一次産業サービス（熊本県御船町）の吉澤社長との出会いによって解決した。一次産業サービスは竹林整備事業を行って

里山の竹林を整備。伐竹をチップ状にし、竹林の敷き料にしたり、肥料にしたりしている

おり、竹粉砕機を使って間伐材を竹チップにし、竹林にきれいに撒いていくやり方を行っている。この方法でいくと、竹林に放置していた細い竹や笹部分をすべて処理することができる。竹チップの撒かれた竹林は、裸足《はだし》でも歩けるほどにきれいになる。

さらにすごいことに、この会社では竹チップにオカラを混ぜて発酵させて竹肥料を生産し、それを使ってお米をつくっている。まさにちかけんが考えていた循環の一片がそこにあった。

伐竹時に出る太い竹は、竹あかりとして使用するが、使用後の竹も竹チップ化することで、肥料の原料へと再利用している。そして二〇〇九年三月、竹あかりの環境循環型商品として、この竹肥料を「竹肥料・お竹様」として販売を開始した。また、㈲明るい農村（熊本県菊池市）に竹炭化を依頼し、竹あかりの環境循環型商品として販売を開始している。

次に、その先の循環である。

二〇〇八年四月より、農業事業として「ちかけんファーム（熊本県阿蘇市）」、カフェ食堂事業として「もったいない食堂・良町店（熊本市）」を開始した。竹肥料を使った農業を行い、そこで生産した農作物を食堂で提供するということである。ここでも、有機野菜や無農薬野菜だけを使った飲食店を経営する㈱ティアの元岡社長との出会いによって、一気に竹林（里山整備）→竹あかり→竹肥料・竹炭→農業→カフェ食堂という循環がスタートした。まだまだ、細い糸でつながっている程度であるが、とにかくつながったのだ。

今後は、この竹あかりを中心とした循環の糸を、より太くしていきたい。そしてさらに、この循環をまつりに応用し、新たな環境循環型のまつりをつくりたいと考えている。

新たな環境循環型のまつり「みずあかり」

ちかけんでは「熊本暮らし人祭り『みずあかり』」にて、ちかけんの取り組みをさらに発展させた取り組みを提案・実行している。それは、みずあかりの地域ブランド化である。

みずあかり使用後の竹を使った竹肥料・竹炭、また、それを使った農作物など商品化できるものはたくさんある。それをすべて「みずあかりブランド」として展開している。竹あかりの感動や環境循環型としての付加価値をつけて販売できると考えている。

このブランド化のねらいは、今まで竹あかりとしてのみずあかりだけでは関わることがなかった方々を巻き込むことである。また、ボランティアでの参加から、参加者のすべての生活に密着したまつりになることである。このことによって、二日間のまつりが、さらに年間を通しての取り組みになる可能性が広がる。そして将来的には、この収益にまつりが運営されることによって、環境循環型で自活する竹あかりのまつりになっていく。

ちかけんは、常にこの物語の主人公として前を見据えていきたい。

（ちかけん）**三城賢士**

第4章

食用タケノコと竹材の伝統的な利用

地域住民が手がけた竹製品を陳列（鹿児島県・宮之城伝統工芸センター）

京タケノコの特徴と食べ方

京都府のタケノコの生産高は全国の一〇%程度だが、味と品質は日本一といわれ、京料理には欠かせない高級食材として知られている。その京都産のタケノコの中でも特に美味しいとされているのが、洛西の乙訓地方に広がる西山丘陵の京タケノコだ。

乙訓地方の風土

乙訓とは、かつての山城国乙訓郡に属する京都市西京区、向日市、長岡京市、大山崎町を指す。この地には、弘仁年間（八一〇～八二三年）に長岡京市にある奥海印《おくかいいん》寺《じ》寂照院《じゃくしょういん》の開祖である道雄《どうゆう》が唐からモウソウチクを持ち帰ったという伝説があり、現在も京タケノコのほとんどがモウソウチクである。

乙訓地方のタケノコの美味しさは、その風土が大きく影響している。西山連峰が北西から吹きつける季節風を弱めるため風害が少ない。西山を背に東に開けた丘陵地帯は日当たりや水はけがよく、竹の生育に最適な、酸性で粘土質の土が多いのだ。

そのうえ、乙訓は西国《さいごく》街道の起点であり、隣接している京都市内への交通の便が極めてよい。長らく政治や文化の中心地であった京都は食文化が発達し、数多くある寺院では精進料理も盛んであった。乙訓のタケノコは、この京都という一大消費地まで、新鮮な掘りたてを素早く届けることができるという、地の利にも恵まれていた。

京都式軟化栽培法

タケノコが生産される乙訓の竹林では、「京都式軟化栽培法」と呼ばれる土壌づくりが、一〇〇年間にわたり毎年繰り返し行われ、日本一の品質と美味しさを支えてきた。

まず九月の秋分の頃、翌春にタケノコを生む親竹を残して周辺の古い竹を間伐し、肥料を施す。次に稲刈りが終わる一〇月中旬頃、田んぼの稲わらを竹林の全面に均等に敷く。最後に一一月から一二月にかけて、ワラの上に土をかぶせる「客土」を行う。このワラと土が地中の水分と温度を保ち、太陽光がタケノコの先端に直接当たるのを防ぎ、タケノコを長く地中に留める役目を担う。やがて春になる頃には柔らかで肥沃な土の中から、ずんぐりと太った美味しい京タケノコを収穫することができる。

　そのほかに、タケノコの収穫が終わった五月には「お礼肥」として肥料を施し、親竹が必要以上に生長しないように、竹の先端を切る「先止め」を行い、夏には雑草取りと、一年中、手間のかかる重労働が続く。そのためか「京都式軟化栽培法」は、同じ京都でも乙訓地方以外では行われず、乙訓地方のタケノコが「京タケノコ」と呼ばれるようになった。

京タケノコは、穂先が地上に出る前に土中から掘り上げる

朝掘りタケノコを日光に当たらないように袋や布で包む　〈写真・竹の学校〉

旬を食べる　朝掘りを食べる

　季節を先取りする、いわゆる「はしり」としての旬のタケノコは、収穫時期の早い九州や四国産のものが多い。京タケノコの最も美味しい旬は、昔から乙訓にある長岡天満宮のキリシマツツジが咲く四月下旬頃といわれている。

　その旬の京タケノコでも、竹林から掘り出される時刻によって、味が変わってくる。

　三月下旬から五月上旬までのタケノコ掘りのシーズン中、乙訓のタケノコ農家は夜明け前に地中のタケノコを掘り出す。タケノコの穂先はまだ地上に出ていないが、地表のかすかな割れ目を探し出し、「ホリ」と呼ばれる専用の農具で、タケノコを掘り上げる。収穫したタケノコは、布などに包んで直射日光や乾燥から守り、午前中に出荷する。この時期には、「朝掘り」の看板を掲げた農家の直売店も店開きして賑やかだ。これが「朝掘り」タケノコで、その日中に売り出されるため、みずみずしくて柔らかく甘みがある。これに対して、日が昇ってから掘り出したタケノコは、夕方に出荷して翌朝売られるので「宵掘り」や「昨日掘り」と呼ばれ、新鮮な「朝掘り」と比べると味が落ちる。

乙訓地方のモウソウチクは、大形で肉厚の淡い黄色のものが一般的だが、さらに皮の色が白い「白《しろ》子《こ》」が最高級品とされている。白子は粘土質の土壌の深いところに生まれ、色が白ければ白いほど上物で高値がつく。乙訓では京都市西京区塚原地区が最高級の白子の産地として有名である。

反対に、水分と養分の少ない砂礫質の土壌の地表近くで採れたタケノコは、太陽光線を浴び過ぎて皮が黒いので「黒子」と呼ばれ、京タケノコとして出荷されることはない。

糠を入れるか 入れないか?

「朝掘り」タケノコが珍重されるのは、驚くほど柔らかくて美味しいからだが、せっかく「朝掘り」タケノコを手に入れても、そのまま放置しておくと、水分がとんで硬くなり、独特のエグ味(アク)が出てくるので、すぐにゆでることが望ましい。

一般的に、米糠《こめぬか》やタカノツメを入れてゆでると、タケノコのホモゲンチジン酸やシュウ酸が除去され、エグ味が消えるといわれている。米糠は酵素で、タカノツメは辛味で、それぞれタケノコのエグ味を消すのだが、逆に、米糠を入れるとタケノコの味が落ちたり、タカノツメの辛味がタケノコに移るのを嫌い、何も入れないでゆでる場合もある。採りたての上等な白子などは、何も入れずにゆでても美味しいといわれている。

また、ゆでるときはタケノコの皮はむかずに、穂先を斜めに切り落とし、側面の皮に薄く包丁目を入れると、皮に含まれる亜硫酸塩が酸化を防いで、タケノコを白くゆで上げることができるといわれている。

これを皮つきだと大きな鍋が必要となるが、皮をむけば家庭用の鍋で手軽にゆでることができるし、色も変わらないとする説があるようだ。

こうした諸説に分かれる調理法については、各人が経験を積んで自分に合う方法を探るしかない。肝心なのは、とにかく掘り出したタケノコはすぐにゆでるということである。

京タケノコの食べ方あれこれ

京タケノコは、品質によって用いられる料理や調理法が違ってくる。タケノコご飯や煮物、木の芽和えなどは家庭料理の定番として全国的に普及しているが、高級料亭の京料理に使われる場合は、その店の「格」まで決めることができる食材でもある。また、モウソウチクだけでなく、ハチクやマダケなども食べられている。

京のちらし寿司。タケノコとちりめんザンショウの相性を生かす

そうした幅広い京タケノコの食べ方の中で、古くから親しまれている郷土料理ともいえるものが、ワカメとタケノコの取り合わせが絶妙な若竹煮や若竹椀、田楽、ちらし寿司など。また産地ならではの新鮮さを生かしたお刺身やホイル焼きは、まさに旬だけに味わえるものだ。

京料理では、タケノコをグジなどの淡白な魚やタコ、イカ、エビ、貝類などと取り合わせることが多く、同じく春が旬のワラビ、フキ、ウドなどの山菜やナノハナなどとも相性がよい。特にナノハナは長岡京市の特産品として全国的に有名で、タケノコとは彩りもよいため、昔ながらの炊き合わせだけでなく、パスタやグラタン、サラダなど、新しいレシピも考案されている。

（フリー編集者・ライター）**狩野香苗**

鹿児島産の食用タケノコと成分特性

竹は昔から加工用、食用、観賞用、防災用などとして人々の生活に欠かせないものであり、大切に利用されてきた。最近になって食材としてのタケノコが自然食品・健康食品として脚光を浴びて、各地で栽培が盛んになってきている。

食用にしているタケノコ

鹿児島県は南北六〇〇㎞と長いので、温帯、暖帯、熱帯地方産の竹類が生育可能という、恵まれた自然条件が備わっており、八〇余種の竹が見られる。このうち、食用として代表的なタケノコには、モウソウチク、ホテイチク、ハチク、マダケ、ウサンチク、リュウキュウチク、カンザンチク、ホウライチク、ダイサンチク、リョウチク、マチク、シホウチクがある。いずれも独特のうま味があって食生活を潤している。

食用タケノコの発生期間

鹿児島県下での発筍期間を季節の早い順に表すと次の通りである。モウソウチクが三月下旬～五月上旬に発生した後は、シホウチクの一〇月上旬～一一月上旬発生の間に、ホテイチク、ハチク、マダケ、リュウキュウチク、カンザンチク、ホウライチク、リョクチク、ダイサンチク、マチクのタケノコが見られる。このうちモウソウチクは、一〇月上旬に超早掘りタケノコが収穫されるので、鹿児島地方では一年中、掘りたてのタケノコが得られる。

鹿児島県自慢のタケノコ

全国各地で栽培されているモウソウチク以外で、食用として重宝されているタケノコを紹介したい。

ホテイチク（方言　コサンダケ）

鹿児島県特産のホテイチクは、県本土から奄美諸島まで広く栽培されている。マダケやハチクより細いが、アクが少なく美味であるので人気が高い。タ

モウソウチクのタケノコの生産林

超早掘りタケノコ

モウソウチクのタケノコの収穫作業

ケノコの発生最盛期は五月中旬で、どこの家庭でも食卓を賑わしている。

　ホテイチクは通常、親竹に寄り節が多いのと、タケノコが硬いので「オダケンコ（雄筍）」と呼ばれ普通品として扱われるが、寄り節がなく大形の親竹を仕立てて「メダケンコ（雌筍）」と呼ばれる太くて柔らかいタケノコは、良質タケノコとして高値で出荷されている。

　タケノコの収穫は地際近くで折り取る方法で、簡単で面白いので子供も喜んで加勢してくれる。一aの竹林から三〇〇本も収穫された例もある。

カンザンチク・リュウキュウチク（方言　ダイミョウダケ）

　鹿児島県特産のカンザンチクは、南西諸島産のリュウキュウチクとともに「ダイミョウダケ」と呼ばれている。両種共に美味しさはタケノコの中では一番といわれている。

　タケノコは五月上旬～七月上旬が最盛期で、よく肥培管理すると一a当たり一〇kg、二〇〇本の良質タケノコが収穫される。

リョクチク

台湾原産のリョクチクは、アクが少なく美味で、熱帯地方産の食用タケノコでは王様といわれている。このタケノコは、生のままで食べられるところが他のタケノコと違う点で、甘ずっぱくて歯ごたえの良さは格別である。

鹿児島県の奄美大島で栽培が盛んであったが、一九八五年頃より大隅半島南部の海岸沿いで、また、一九九七年頃より薩摩半島南部の暖地でも、水田転作や遊休畑地の活用として栽培が始まっている。

タケノコは六月から九月の間に収穫される。タケノコ栽培の有利性としては、①挿竹で増殖が簡単にできること、②成長が早く定植後三～四年後より毎年タケノコが収穫できること、③株立性であるのでタケノコの収穫が容易であること、④小面積でも経営できること、⑤営農経費が安く高齢者でも栽培できること、⑥夏の高級野菜として高収益が期待できること、などがある。今後の地域特産物の産地化が進むことで普及できそうである。

シホウチク（方言　シカッダケ）

シホウチクは、その名の通り稈が竹類中では唯一、四角形になる珍しい竹であり、鹿児島県では庭園などに植えられ、観賞用として多く見られている。

タケノコは一〇月に発生し、アクが少なく美味であるので、いろいろの料理に用いられている。寒い日などは、焚き火の中に皮付きのまま突き挿して蒸し焼きにして、皮を剥ぎ塩を振りかけて口にすると、タケノコの香りと適当な歯ごたえがあって、そ

ホテイチクのタケノコを収穫、計量

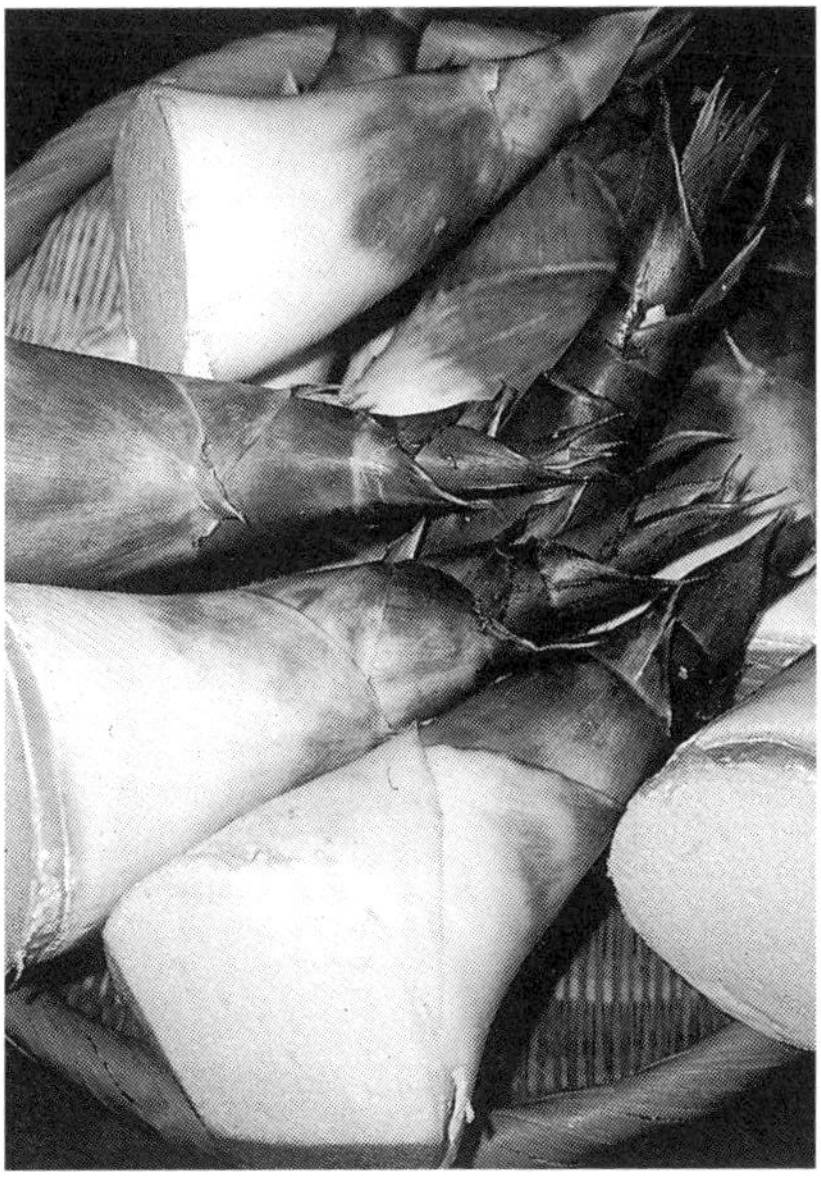

リョクチクのタケノコ

リュウキュウチクのタケノコの発生

の味は最高であるといえよう。

タケノコの成分特性

「タケノコには栄養分がない」「タケノコを食べたら精力が強すぎたのかニキビが出た」など、タケノコについてさまざまな評判を耳にするが、なんといってもタケノコ料理の歯ごたえの良さと美味しさはこたえられない。タケノコの成長力を考えると、何かスタミナのつく栄養成分が含まれているのではないかと思わずにはいられない。

鹿児島県産の代表的な食用タケノコであるモウソウチク、ホテイチク、カンザンチクのタケノコについて鹿児島県工業技術センターで成分分析を行った。

モウソウチクタケノコに含まれるビタミンは一〇〇g中、ビタミンB_1が〇・〇四mg、ビタミンB2が〇・一二mg、ビタミンCが一一mg、ビタミンEが〇・七mgと多いうえに、エネルギーは三四kcalと低カロリーであり、良質食材といえる。

（鹿児島県竹産業振興会連合会）**濵田　甫**

食用タケノコの郷土料理と保存法

良質タケノコの収穫方法と料理

モウソウチクのタケノコの場合は、地表の小盛り土や地割れ、水気のあるところの地下にタケノコが潜んでいる。タケノコの存在箇所に小枝などを立てておき、集出荷日の早朝に掘り上げる。鍬でていねいに土を除き、小型ノコギリでタケノコの付け根（地下茎）付近で切り取る。

良質なタケノコの見分け方は、鮮度が高いこと、タケノコ皮に生えている細毛の毛並みがそろっていること、頂部のエボシが黄色いことなどがある。

ホテイチクのタケノコ料理には、煮物、味噌汁、すしご飯、サラダがある。

リュウキュウチクのタケノコ料理には、煮しめ、味噌汁、酢味噌、すしご飯がある。

リョウチクのタケノコ料理には、刺身、サラダ、酢漬け、てんぷらなどがある。

シホウチクのタケノコ料理には、煮しめ、刺身、酢味噌あえ、味噌汁などがある。

これらの小形のタケノコは、野外で焼きタケノコとしても賞味できる。

鹿児島県の郷土料理

酒ずし

鹿児島の代表的な郷土料理である。「酒ずし」は、鹿児島湾でとれたタイに小エビ、イカと、かまぼこなどの海の幸に、モウソウチクのタケノコやセリ、フキ、サンショウなどの山の幸を煮込んだものを桶に入れ、地酒に浸して重し蓋をする。春から夏にかけての豪華な郷土料理である。

タケノコの卵とじ

短冊切りにしたホテイチクのタケノコを、ネギと一緒に油で炒めて、砂糖と醤油で味付けして卵でとじる。酒のさかなにもよい。

タケノコの酢味噌あえ

酒ずし

リュウキュウチクのタケノコの味噌汁

タケノコ入り豚骨料理

リョクチクのタケノコの刺身

ホテイチクのタケノコをゆがき、細く裂いて酢味噌をかける。サンショウの葉を振りかけ風味を出す。初夏の風物料理である。

タケノコの味噌汁

もぎたてのホテイチクのタケノコを薄く斜め切りし、ワカメと一緒に味噌汁にする。鹿児島独特で、最も元気が出る味噌汁といわれている。

タケノコの煮しめ

竹島などではリュウキュウチクのタケノコにツワブキなどを入れ、近海の魚と一緒に味噌煮にする。五〜一一月のごちそうであり、たまらなく美味しい。

お盆料理

お盆の精進料理には、ホテイチクのタケノコがよく使われる。身が柔らかく、ほどよいエグ味が真夏の弱った体力を回復させてくれる。

タケノコの刺身

ゆがいたモウソウチクのタケノコは、穂先は縦切りに、元の部分は輪切りにすると食べやすい。酢味噌にすると歯ごたえもよく美味しい。

タケノコのおでん

木枯らしの吹く寒い季節になると、大衆酒場ではたいてい「タケノコのおでん」が待っている。モウソウチクのタケノコのよく煮しまっているのは、焼酎のおかずに最高である。

さつま汁のタケノコ

桜島ダイコン、ゴボウ、ニンジン、コンニャク、薩摩鶏が混じって、さいの目に切られたモウソウチクのタケノコの入った味噌汁は、初夏にふさわしい「さつまの味」である。

豚骨料理

豚の三枚身や足骨などを長時間煮た中に、モウソウチクのタケノコやダイコン、コンニャクなどを入れ、黒砂糖や味噌、ショウガで味をつける。これも「さつまの味」といえる。

珍しいタケノコ料理

・竹せいろ…半割りしたモウソウチクの器に、炊込みご飯とウナギの蒲焼きをのせ一緒に蒸す料理で、タケノコの唐揚げも添えられる。

・かぐや姫寿司…水煮したリュウキュウチクのタケノコを短く切り、その中へタケノコなどの入った寿司を入れる。

・タケノコの姿焼き…もぎたてのシホウチクのタケノコの皮を剥ぎ、炭火で焼いて、塩を振りかけて食べる。

・タケノコのてんぷら…マチクのタケノコを収穫後にすぐ水煮して、小麦粉で薄く衣付けして油揚げする。

タケノコの保存法

水煮タケノコ

タケノコは早朝掘りがよく、掘ったら鮮度が落ちないうちにゆでる。モウソウチクのタケノコの場合は、米糠、または米のとぎ汁で水炊きをする。タケノコの穂先のほうを斜めに切り落とし、皮に縦に浅く包丁を入れておくと皮がむきやすい。ゆでる時間は小形で二〇～三〇分、大形で四〇～五〇分でよく、ゆで汁の中で冷ます。引き上げて一晩は水に浸してアクを抜く。エグ味が残りやすいモウソウチクやホウライチクの場合は、トウガラシを入れるとよ

モウソウチクのタケノコの塩漬け

モウソウチクのタケノコの水煮作業

い。

乾燥タケノコ

モウソウチクのタケノコは皮をむき、包丁で縦に幅一㎝ほどに切って、バラなどに広げて二〜三日間、天日乾燥する。また、ゆがいたタケノコは塩でまぶした後で二〜三日間乾燥する。

ホテイチクのタケノコは縦割りし、塩でまぶして桶に入れ、一日おいたら一〜二日間は天日乾燥する。

塩漬けタケノコ

ゆがいたモウソウチクのタケノコは、桶の中にオカラを混ぜて入れ、その中に漬け込む。食べる時は、一晩水に浸して塩抜きをすると水煮タケノコに似て、生タケノコを料理したようで美味しい。

（鹿児島県竹産業振興会連合会）**濵田　甫**

トラフダケの生産と竹垣、縁台づくり

トラフダケとは

トラフダケ（虎斑竹）はハチクの仲間だが、表面に虎皮状の模様が入っているところから、こう呼ばれている。この独特の虎模様は、稈に付着した寄生菌の作用によるとの学説もある。これまで各地方に移植を試みたが、なぜか斑《まだら》ができず、全国でも高知県須崎《すさき》市安和《あわ》でしか成育していない、不思議な竹だ。

竹林翁といわれた坪井伊助氏の著書『竹類図譜』には、虎竹を移植した様子が次のように記録されている。

「はちくの変種にして、高知県高岡郡新正村大字安和に産す。（現在の須崎市安和）凡の形状淡竹に等しきも、表面に多数の茶褐色なる虎斑状斑紋を有す。余は明治四五年四月自園に移植し、目下試作中なるも未だ好成績を見るを得ず。」

高知県出身の世界的植物学者、牧野富太郎博士がトサトラフダケを命名されたのは、一九一六年（大正五年）のことだ。命名の父という縁で、高知市五台山にある高知県立牧野植物園にも、安和の虎竹を移植していただいたことがある。しかし数年たって現地に行くと、やはり斑が入っておらず、本来の美しいトラフダケではない。遠くイギリスＢＢＣ放送が取材に来られた際には「ミラクル！」と何度も連呼していたのが印象的だったが、本当に「ミラクルバンブー」なのだ。

そもそもトラフダケは、クロチク同様に輸出用竹材として製造が始まり、竹林所有者も積極的に協力した結果、生産量が拡大した。それに伴い、竹材の特性を生かして建築用、庭園用袖垣、茶華道竹器、各種家庭用雑貨などに広く活用されるようになり、南国土佐安和の虎竹として唯一の地域的な特産品となってきた歴史がある。この先人の努力と英知を思う時、その、賜物ともいえる竹林を守り、虎竹を育てていくのが自分たちの使命だと、いつも考えている。

虎竹の袖垣を製造

独特の虎模様のあるトラフダケ

トラフダケの伐り出し作業

トラフダケの伐り出し作業は、まず竹の根元に生え茂った小木や草を刈ること（下草刈り）から始まる。一年で生え茂った草などを刈っておかないと、竹を伐ったり枝を払ったりという作業ができないばかりでなく、山に入ることさえ困難な場所もある。また、トラフダケをトラックに積んで運び出す山道の整備も、伐り出し前の重要な仕事のひとつである。

トラフダケの伐り出し作業は、毎年一一～一月に行われる。この時期、トラフダケの故郷ともいえる焼坂の山道を車で上がっていくと、脇の竹林から「コツッ、コツッ」とナタで竹を伐る音や、「ザザザッ…」と竹を伐り倒すときに竹の葉がこすれる音などが聞こえてくる。

自動車の入ることができる道の近くの竹林は良いが、そこからさらに徒歩で三〇分、時には一時間近くもかかる遠くの竹林もある。人が一人ようやく歩けるような細い道、しかもかなりの急勾配の道を登っていかなければならない。竹運搬用に改良されたキャタピラー付きの運搬機があるものの、本当に大変である。

伐り倒したトラフダケは、持ち運びやすいように一束ずつ束ねられる。以前、インターンシップに来られていた大学生の方が、三人がかりでも悪戦苦闘していたのを思い出すが、竹は長さがある上に、伐ったばかりの生の竹は非常に重く、これを足場のあまりよくない竹林で取り扱うのは非常に重労働である。

トラフダケの竹林の竹すべてに、きれいに虎模様がつくということではない。トラフダケは、二年目くらいから徐々に色がついてくるが、色つきの良い親竹から良いタケノコが生えるので、良質の親竹を残し、色つきの悪い竹は間引く。このようにトラフダケの切り出しは、健康な竹林となるように管理しつつ、良質の虎竹を伐り出すという、熟練の技と体力とを要求される山の仕事なのである。高齢化する山の竹伐り職人さんたちが、こうした仕事を後何年続けられるのか。虎竹の里の課題のひとつがここにあります。

束ねたトラフダケは、車の入ることのできる山道まで竹運搬機で運び、道路脇に用意された竹置き場に積み上げられる。この竹置き場は、山の繁みが直射日光をさえぎる、ちょうどよい仮の保管場所となる。

この山の保管場所からは二ｔトラックで、本社近くにあるトラフダケ専用の選別場まで運び出す。ロープをほどき一本ずつ、太さ別、色づき別に二〇通りにも細かく選別していく。同じトラフダケでも、色づきの良いもの、悪いもので価格に大きな開きがあるので、ここでの選別作業が山の職人さんにとっても、トラフダケを加工生産していく自分たちにとっても非常に大切な仕事となる。山から伐り出されたトラフダケが、専用の土場や収穫の終わった田んぼに広げられ、選別される昔ながらの様子は、もう安和の虎竹の里でしか見ることのできない風物詩であろう。

選別作業が終われば、トラフダケは再び束にくくられ、今度はそれぞれの太さ、品質に分けられて土場で積み込まれる。一月までに伐り出されて土場に積み込まれたトラフダケで、一年の製品を賄うため、竹の種類によっては夏前には材料が足りなくなることもある。

虎竹垣、虎竹縁台づくり

ゴーゴーと音をたてるガスバーナーで、トラフダケの油抜き作業を始めると、竹の工場は糖質の多い竹ならではの甘い香りに包まれる。ハチクの表皮は、特有のうっすら白いもやがかかったように見えるが、ガスの高温の炎であぶり出され、竹自身の油で拭きあげたトラフダケは、美しい虎模様がクッキリと浮かび上がる。

竹がまだ熱せられているうちに、矯《た》め木と呼ばれる竹の曲がりを矯正する道具を使い、真っ直ぐに伸ばしていく。竹林に立っているときには真っ直ぐに伸びているように見える竹も、いざ伐り倒してみると、意外なほどに曲がりやソリがあるものだ。曲がりを矯正したトラフダケは、そのまま建材として、また加工竹材として全国へ送られていく。

トラフダケは、渋く落ち着いた独特の虎模様が人気だが、おのずとトラフダケでつくられた袖垣や縁台も、青竹や白竹で製作されたものと趣が異なり、ひとつの強いセールスポイントとなる。

虎竹袖垣の骨組みにはモウソウチクが使用され、アールのある玉垣などはモウソウチクに三角形になる切り目を入れてきれいな曲線をつくる。その上を細く割ったトラフダケで巻き付け銅線で固定してつくっていく。見た目以上に手間がかかっているのである。袖垣は、庭で雨ざらしで使うものなので、このように丈夫に製作されるのである。袖垣の仕上げには、ひしぎと言われる、丸い竹を叩きのばして一枚の板状にしたものや、黒穂という竹の小枝、カズラや竹釘（竹串のようにつくられた竹の釘）が必要だが、これらはそれぞれ違う職人さんの手を経てきたものばかりである。ひとつの袖垣をつくるにしても、たくさんの方がそろって、初めてできあがるものなのだ。

（山岸竹材店）**山岸義浩**

京銘竹の種類と用途

京銘竹の由来

京銘竹で名高い㈱御池のショールームは、京都らしいたたずまいの中にあり、竹材や竹工芸品など多くの種類の竹製品が並んでいる。一九四七年創業の老舗であり、店舗の「竹小路」は碁盤の目のまち京都の中心部にある店らしい名である。

京都は山に囲まれた盆地で、夏と冬の寒暖の差が激しいことから、土壌が肥沃で、竹の生産地として風土条件に恵まれている。良質の竹を加工する銘竹は、古くから文化都市として栄えてきた京都ならではの伝統工芸であり、京都が「竹の都」と称されてきた所以でもある。京都の竹材利用の歴史は古く、平安時代には中国からもたらされた竹が育てられたといわれている。茶道が発達した桃山時代から、洗練した竹工芸技術が多方面に活用されており、伝統の技は現代にも受け継がれ、世界に名だたる京銘竹が生まれた。

京都は、長い歴史と伝統の中で数々のブランドをつくってきたが、京銘竹もそのうちのひとつである。京銘竹と呼ばれる竹は、色、艶、形状、材質が優れた竹に変化したものを指す。京都府の伝統工芸品に四種類（白竹《しらたけ》、図面角竹《ずめんかくちく》、胡麻竹、亀甲竹）が指定されており、竹の素材そのものの持つ美しさが伝統工芸品となっているのは、素材としての完成度の高さによるものである。京都周辺の竹は場所によって、西山産銘竹、山城産銘竹、古都銘竹と呼ばれ、近年では総称して京銘竹とも呼ばれる。主な生産地は、京都市西京区、向日市、長岡京市である。

京銘竹の起源は、江戸時代中期に、炭火の熱を利用して青竹の水分とロウ脂質を取り除き、天日で晒《さら》して人工的な黄色い白竹をつくったことといわれている。それ以前は青竹のままを自然乾燥して利用していたが、この時期から人工的に加工を施すようになった。昭和になって、加工技術の発達と職人の努

表　京銘竹の種類

真竹晒竹	じっくりと水分とロウ脂質を取り出し乾燥させる「晒作業」を施した竹
淡竹・孟宗錆竹	立ち枯れて表面に黒胡麻の斑点が生じた竹
図面角竹	木枠で四角い角竹に成長させ、人工的に表面に図面模様をつけた竹
亀甲竹	孟宗竹の芽子が突然変異を起こした竹
真竹薄煤竹	油ぬきした竹を防虫処理した後、特殊染料にて薄煤色に染めた竹
真竹純染青竹	油ぬきした竹を防虫処理した後、特殊染料にて青竹色に染めた竹
真竹純染黒竹	油ぬきした竹を防虫処理した後、特殊染料にて黒色に染めた竹
黒竹	メラニン色素が増えて黒く変色した竹
紋竹	稈の部分に雲紋の柄がある竹
女竹	小さい真竹（真竹が男竹と呼ばれるに対して）
真竹本煤竹	茅葺きの屋根の囲炉裏の上で燻された竹

出典：㈱御池資料

力により、いろいろな変化を持たせ、大量生産が可能となり、旅館、料亭、数奇屋造を取り入れた一般住宅に使用され、需要が急激に増加した。建築用や装飾用品として、床柱、飾柱、棹縁（天井板に直角に取り付ける細長い材）、棚吊り、花器など、和室を演出する材料として広く使われている。

京銘竹の種類

京銘竹はつくり方によって、多くの種類がある。鮮やかなものから、粋で上品なもの、古風なもの、とさまざまな個性があり、それぞれに魅力を醸し出している。色は茶色だけではなく、染料で染めて色をつけたもの、まだら模様のものもあって、見る者の目を楽しませてくれる。

表に代表的な京銘竹の種類と特徴を示した。

京銘竹の製造方法

京銘竹は乾燥させて、油抜きをして人工的に美しく加工したものだが、用途に応じて原竹の種類、伐採時期、伐採年数、加工方法、乾燥方法、寸法などが細かく異なっている。竹の伐採年齢は三〜五年で、伐採時期は秋から冬にかけての一〇〜一二月。管理された竹やぶの竹を使っている。

京銘竹で最も生産量が多いのは白竹である。最初から白色ではなく、油抜きを行い、時間と手間をかけて白色をつくり出している。油抜きは、虫害やカビ、割れを防ぎ、表面の光沢を保ち、保存を良くするために行う。

油抜きは湿式と乾式の二種類の方法があり、湿式は水と苛性《かせい》ソーダ（石けんの製造に用いる水酸化ナトリウム）を入れた窯で煮沸《しゃふつ》する方法、乾式は炭火やガス火によって加熱し、水分を蒸発させて、表面ににじみ出たロウ脂質をふき取る方法である。油抜きをした後、天日に晒して乾燥させ、ていねいに磨き上げることにより、白く光沢がある京銘竹ができる。乾式は割れにくい竹をつくるが、作業効率が悪くコスト高につながるため、今では湿式が主流になっている。

京銘竹の代表的なつくり方を以下に紹介する。

図面角竹

図面角竹は、タケノコが地上に出てまだ柔らかいうちに木枠に入れて、四角の竹に育てた後、特殊な溶液で幹の表面を焼いて模様をつけたものである。

型枠は、長さ三〜四m、厚さ約12㎜のスギ板材をL型に加工し、それを組み合わせて四角にし、約四〇㎝ごとに縄で縛る。四月下旬から五月上旬に型枠をかぶせ、根元を竹くさびで締め付ける。竹が伸びきって、枝が出終わったら型枠を外し、七月上旬から八月中旬に図面付け作業を行う。竹の表面に塗った薬剤は約一週間で斑紋となって現れ、一年生の一〇月から一二月に伐採し、油抜きして、天日《てんぴ》に当てて乾かせば完成である。

胡麻竹

胡麻竹は錆竹とも呼ばれ、人工的に立ち枯れの状態にし、胡麻をまいたように黒い菌がついたものをいう。

二月上旬〜四月上旬に、竹を立ち枯れの状態にすると、秋頃までにカビが糖分を食べることによって竹の表面に寄生し、黒い斑点となって現れる。数奇屋材に主に使われており、火であぶって油抜きをし、割れにくい竹に仕上げる。

店舗では竹製品を展示即売

図面角竹

竹でエコスタイル

㈱御池では、竹を日常に取り入れるライフスタイル「竹でエコスタイル」を提案している。かつて竹は生活にとても身近なものであり、実用から装飾まで幅広く使われていたが、住まいの洋式化や新建材の登場、プラスチックや石油製品の台頭により次第に使われなくなりつつある。「竹でエコスタイル」は現代の衣食住にもう一度新しい形で竹を取り入れようとする提案である。日用品や住空間のみならず、商業空間にもその魅力を発揮する素材で、新しい利用価値を模索している。

数年で生長する竹は、旺盛な繁殖力で潤沢な資源供給を可能にし、環境保護にも貢献しうる素材である。海外でも注目され、京都に来る外国人にも根強い人気がある。全国的に放置竹林が問題となっているが、環境のまちとして、また、もてなしの文化のまちとして、京都から竹文化を発信していくことは意義があり、今後の展開を期待したいところである。

（Ｈｉｂａｎａ）**松田直子**

鹿児島の竹工芸――竹器の系統

形態的な特性を生かした器物が多い

竹製品は日常生活用具になるので、実用的なものがほとんどである。使いやすさはもちろん、水で洗えばきれいになり、食品を入れて煮たりするので軽い、壊れない、よごれない、熱や塩に強く、使い方によっては長持ちするといった条件を満たすため、いろいろな工夫がなされている。

竹製品といえば、籠などマダケを利用した編み組み製品を考えがちであるが、鹿児島県にはモウソウチクが多く、竹材の形態的な特性を生かして立体的に加工した器物が多く見られる。

このような竹加工の歴史は古く、弥生時代から古墳時代にかけての遺跡から、祭事に使われたと考えられる竹櫛や竹玉などの竹製品が発掘されたと聞く。当時の生活用具にマダケやメダケなどが役立ったことがうかがい知れる。およそ一三〇〇年前の大化の改新では、古代隼人族の竹加工の特殊技能が買われ、庸役で手腕を発揮している。奈良市にある正倉院には、今でも古代隼人族が製作した笛や刀、笠などが大切に保存されている。

モウソウチクやマダケ、ホテイチクなどの竹材の表皮面は、硬くて光沢があって美しいうえに、円筒形で節間部分と節からなっており、内部は中空である。昔から、モウソウチクは花器や水筒、酒筒、自在鉤《かぎ》に、マダケは火吹き竹や尺八に、ホテイチクは杖に、ヤダケは矢に、メダケは筆軸に重宝されてきた。竹材は繊維方向の伸縮が極めて少ないので、マダケで物差しや計算尺がつくられていた。また、竹材は弾力性があるので、ホテイチクで釣り竿が、マダケで弓がつくられていた。

鹿児島県独特の竹器

このうち、鹿児島県が主産地であるホテイチクは、油抜き加工された原竹が釣り竿用として、川薩

表　竹材利用の主な竹

竹　種	形状と品質			用　途
	稈高	稈径	色彩と材質	
モウソウチク	15～25m	10～20cm	青緑色、光沢、節一輪、緻密	建材、花器、バラ
マダケ	15～22	8～13	深緑色、光沢、節二輪、負担力大	籠、弓、尺八、竿
ホテイチク	3～5	3～4	黄緑色、光沢、節下膨虫、弾力性大	釣り竿、杖、笛
ハチク	10～18	6～11	白蝋多、節二輪、細割性	茶筅、スダレ、釣り竿
クロチク	5～10	3～7	2年で黒色化、緻密、細割性	飾柱、筆軸、籠
キッコウチク	7～10	5～10	節間膨虫（基部）、硬質	花器、飾柱
ウサンチク	6～12	4～8	青緑色、光沢、正円形、節低い	飾柱、竿
ホウライチク	4～8	2～3	黄緑色、光沢、弾力性、細割	籠、バラ、ロープ
ヤシヤダケ	3～4	2～4	緑色、光沢、肉薄い、負担力大	笛、竿軸
シホウチク	4～5	2～4	黄緑色、四角形、節に気根	飾柱
スズタケ	1～3	0.5～1	緑色、光沢、節低い、細割性	釣り竿、籠
シャコタンチク	0.5～1.5	1～2	褐色斑紋、硬質、弾力性大	筆軸、差し棒
カンチク	0.5～2	1～2	紫紅色、光沢、弾力性大	飾柱、明り窓枠
オカメザサ	1～2	0.2～0.5	細稈、光沢、弾力性大	籠
カンザンチク	5～8	2～5	深緑色、肉厚、弾力性大	建材、釣り竿、籠
ギボウシノ	2～3	0.5～1	緑色、光沢、硬質	串
ゴキダケ	1～2	0.5～1	細稈、弾力性大	海苔ミス、スダレ
メダケ	3～5	1～3	黄緑色、肉薄、負担力大	笛、筆軸、釣り竿
リュウキュウチク	5～10	2～5	緑色、節間長い、弾力性大	建材、籠、釣り竿
ヤダケ	2～5	1～2	緑色、光沢、肉薄、強靭性大	矢、釣り竿、筆軸

表　竹の特性と竹器系統への利用

特　性	用　途	竹　種
表皮は光沢がある	飾柱、盛器	モウソウチク、ハチク
中空で節がある	笛、水筒	カンザンチク、モウソウチク
軽い	杖、負荷棒	ホテイチク、マダケ
削りやすい	花器、茶器	モウソウチク、マダケ
弾力性がある	釣り竿、弓	ホテイチク、マダケ
衝撃に強い	竹刀、矢	マダケ、ヤダケ
割裂性に富む	団扇、扇	マダケ、ハチク
伸縮が少ない	物差し、計算尺	モウソウチク、マダケ

地区を中心に毎年二五〇万～三〇〇万本を輸出メーカーを通じて、主にアメリカへ輸出していた。しかし、円高による不振とグラスファイバーロッドに取って代わられて輸出量は年々減少し、最近ではほとんど見られなくなった。

一方、良質で大径のモウソウチク材は花器として製作され、県内外に出荷されている。薩摩郡さつま町の特産品としては一重生、二重生、三重生、五重生、鶴首、亀、置船、吊船などと種類が多く、華道界より喜ばれている。

鹿児島県琉球漆器には、モウソウチクとマダケが使われている。モウソウチクの大径材を斜切りして加工された丸盆や、竹を縁取りした角盆に人気がある。また、マダケ製の「なつめ」やモウソウチク製の「水差し」なども茶道界の間で好評である。

昭和初期頃には鹿児島市西田町などでたくさんの和傘が製作されていたが、洋傘の普及のため次第に消えていった。そんな中で最近でも人気が高いものに「知覧傘提灯」がある。和風の料理店などで飾られて昔を偲ばせてくれている。

天吹と青葉の笛

鹿児島県独特の竹製品に、「天吹」と「青葉笛」がある。

天吹は、尺八の元祖と呼ばれる縦笛で、藩政時代から明治時代までは郷中教育の場である学舎で愛好され、盛んに吹かれていた。音色はかん高く美しいのが特徴で、鹿児島市内の天吹同好会で継承されている。天吹の材料としてはホテイチクの三年生竹がよく、生育地は石原で南向き、日当たりが良くて通風のよい竹林内に適材があるといわれている。稈の地際近くを使用するが、長さ三〇cm、直径二cmに三節五孔がある。

青葉の笛には、カンザンチク製とヤシャダケ製がある。カンザンチクの青葉の笛は、国分市清水の日技神社の境内に生育していたカンザンチク（青葉竹）を笛竹として天智天皇に献上したとの伝説がある。平家物語に記載されている青葉の笛も、ここに生育していたカンザンチクでつくられた横笛で、同じ型の竹笛が奈良市の正倉院に保存されている。

マダケ材で和弓を製作

モウソウチク材で花器を製作

知覧傘提灯工房

一方、ヤシャダケ製の青葉の笛は、伊佐郡菱刈町荒田にある。「妙音十二楽」は鹿児島県の無形文化財に指定されているが、青葉の笛、ホラ貝、太鼓、ドラ、托鉢、手拍子による合奏がなされている。

祭事に使われる神聖な竹

竹製品は伝統行事や年中行事にも使われている。

日本一を誇るモウソウチクとマダケの巨大竹が生育する姶良《あいら》郡姶良町では、一年の無病息災を祈って毎年の正月に「ジャンボ鬼火焚き」が行われている。ここでは、以前の年末行事として貧乏神を家内から追い出す習わしがあった。マダケで一年中使用した火吹き竹に、大晦日の夜に家のすべての部屋を巡りながら隅々から貧乏神を火吹き竹に封じ込んで、川に流して新年を迎えようとする伝統行事である。

竹は一年中葉が緑を保つことや、タケノコの成長が驚くほど早いこと、稈が中空で神が宿ると考えられ、昔から神聖な植物であるとして祭事に多く使われている。

（鹿児島県竹産業振興会連合会）**濵田　甫**

鹿児島の竹工芸――竹籃の系統

竹産業の基礎を築いた伝統技術

日本の文化が始まったとされる、およそ四〇〇〇〜六〇〇〇年前の縄文時代の土器が、奄美大島や薩摩・大隅半島のあちこちから出土している。これらの大型の壺の底には、網代式竹編みの形跡が残っている。また、土器の表面には竹ベラで刻んだ竹編み文様が施されている。およそ一三〇〇年前の大化の改新には、古代隼人族の竹細工の特殊技能が買われ、庸役で手腕を発揮している。奈良市にある正倉院には、マダケ製の籠やホウライチク製のバラなどが大切に保存されていると聞くが、これらの伝統技術が今日の鹿児島の竹産業の基礎を築いたといっても過言ではあるまい。

鹿児島の地名は、竹に由来するともいい伝えられている。古い神話には「山幸彦は釣り針を探すために無目籠（竹を密に編んだ籠）の船に乗り竜神国へ行かれた」とあり、鹿児島の名は無目籠が語源であるとされている。枕崎市の鹿籠《かご》や、隼人町の鹿児山が県名の起こりであるとも伝えられている。これらの話からは、古くからマダケやメダケなどが繁茂し、それらの竹をいろいろと利用して、竹と人との密着した生活が偲ばれるとともに、古代における竹加工技術のレベルの高さを知ることができる。

材質特性によりさまざまに利用

竹材は割れやすい、剥ぎやすい、裂きやすいなどの材質特性がある。竹を細く割るにはマダケやハチクが最適だとされているが、維管束の粗密の程度で良否が決まり、密なほど割裂性に富む。

昔から日常生活用品として、モウソウチクで買物籠や飯籠が、マダケで花籠やザルが、オカメザサで茶碗籠や脱衣籠などがつくられた。また農業用品には、モウソウチクでバラや茶ベロが、マダケで茶摘み籠、ホウライチクで箕が、リュウキュウチクで背

表　竹製民具の名称と方言

一般名称	鹿児島県	熊本県	大分県
さげじよけ（ふた付）	めしかご		めしじようけ
しようゆのす	しようのす	たまり	こしてご
み（片口箕）	み	ばら	み
まるみ（丸箕）	ばら	ばら	ばら
とおし（ばら形）	こめゆい	とうし	こごめとり
うけ	うけ	うけ	うけ
さかなかご	かたぎいてご	うざ	びぐ
竹筒	すいずつ	みずたる	たけづつ
とかき	とかき		とぼう
自在かぎ	じせかっ	じじゃーかぎ	ぜぜかぎ

負籠などが、水産業用品にはマダケで魚籠《びく》が、ホウライチクで鰻《うなぎ》の巣などに加工され愛用されてきた。特記したいものに、モウソウチク材を使った、カツオ漁の餌になるカタクチイワシの生け簀《す》籠がある。高さ二m、幅三mあり、竹製品としては一番の大型といえる。製作は広い海岸で二人掛かりとなる。また、鹿児島独特の竹籠にメゴカゴがある。南九州原産のオカメザサ（方言でメゴザサ）の細竹を巧みに編んだ茶碗籠や脱衣籠が各地でつくられていた。

竹製民具の名称と方言を、表に示した。

南さつま市笠沙町の竹製品

鹿児島の名の起こりといわれている枕崎市鹿籠の近くにある笠《かさ》沙町《さちょう》（南さつま市）には、伝統的竹製民具が多く、今でもなお人々の暮らしの中で継承され、巧みな利用は生活を潤して郷土の民俗文化に大きく寄与している。笠沙民俗資料室には、マダケ製の籾《もみ》通し、米通し、バラ、箕、茶摘み籠、豆腐籠、腰籠、文庫籠やホウライチク製の箕、バラ、米通し、しょけ、味噌こし、盛り籠、メダケ製の籠、カンザンチク製のバラ、籠、モウソウチク製のバラ、籾通しなどが保存されている。

ザル、籠類の主な製作技術については、

①胴編みとしては、四つ目編み、六つ目編み、ござ目編み、網代編み、いかだ編みがある。

②底編みには、十字菊底、二重菊底がある。

③縁巻きの縁仕上げには、縁止め、折り返し止め、曲げ止め、流し止めがなされている。

④手籠の手着け方には、挿し竹が多く、縁竹の部分がビョウを通して止めてある。

西南諸島の竹製品

鹿児島県は南北六〇〇kmと地理的、気象的条件から自生している竹類の生育にとって適していることに加え、利用上で有用な竹が中国など近隣の諸外国から容易に導入できたことで栽培が盛んになったものと推察できる。

種子島

南種子町島間《しまま》の日高公司氏は、五〇年の間にリュウキュウチク、ホウライチクで日常生活用品である、ザル、バラ、魚籠、しょけ、ぶいづくりの名人といわれてきた。ホウライチクは二年生竹を、モウソウチクは五年生竹を、毎年一〇～二月に伐採した良質竹材で製作して、土産品として販売している。

諏訪之瀬島

トカラ列島のほぼ中央部に位置する諏訪之瀬島は、亜熱帯性気候下にある。島に広く繁茂しているリュウキュウチクのタケノコは、火山島で地熱のためか早い場所では三月下旬には発筍するといわれ、八月頃まで収穫が続けられている。竹は大きいもので稈径三～四cm、稈高七～八mにもなる。豊富にある竹材は、建築用や農林水産業用、日常生活用などに利用されてきた。収穫されたタケノコの運搬用の背負籠はホウライチク製で、籠の直径四〇cm、深さ四〇cmである。ウシなど家畜の飼料にする刈り草入れには直径六〇cm、深さ六〇cmの大型の背負籠を使う。背負籠は魚釣り時の魚入れ用と道具入れとしても重宝されている。

前田伊佐夫氏は、過去六〇年間も竹籠をつくり続

ホウライチク製の箕

オカメザサで脱衣籠づくり

生け簀籠づくり

モウソウチク製の茶ベロ

けた島内一の名人で、現在でも人々の注文に応じて製作し、無料で提供するので大変喜ばれている。二年生のホウライチクを選び、伐竹後は直ちに製作にかかる。稈径三㎝の竹二本で一個ができ、一日に三個を仕上げる。

沖永良部島（奄美諸島）

和泊町歴史民俗資料館に展示されている竹製民具類の中に、ホウライチクでつくられた魚入れの腰籠がある。山地に育った三年生の竹が、材質に粘り気があるので加工も容易なうえに良好な製品ができると聞いた。米通しや飯籠もホウライチク製であった。また、マダケでバラや茶摘み籠などが見られた。

（鹿児島県竹産業振興会連合会）**濵田　甫**

タケノコと稈以外の利用

枝の利用

竹の枝は細いが硬く、よくしなるので、束ねて屋外で使っても長持ちする。

モウソウチクやマダケ、ハチクの枝が多く使われており、初秋に伐竹し枝払いして竹林内に寄せて置き、落葉させてから集めて林外に持ち出す。枝は竹箒の材料のほか、庭園の袖垣やしおり戸などとして利用される。クロチクやウンモンチクの枝は、置き物などの工芸品として加工されている。モウソウチクの場合、稈の地際より三分の一から上部に枝があり、その中央部付近の力枝《ちからえだ》と呼ばれる太くて長い枝は、笹垣としても利用される。

なお、モウソウチクの場合、九月に入って早めに伐竹した枝からの落葉は一カ月程度で終わるが、一一月以降での落葉は長期間を要する。

皮の利用

タケノコ皮の形、色、材質は、竹の種類によって異なる。用途の多いモウソウチク、マダケ、ハチクでは、タケノコの発生最盛期から一カ月過ぎた五月上旬から六月中旬頃より拾い始める。稈高の地際から三分の一付近の節間が長いのでタケノコ皮も長く広くなり、利用価値が高くなる。拾ったタケノコ皮は二~三日間ほど天日乾燥して保存する。

タケノコ皮は撥水性があるので、笠がつくられた。南国の強烈な太陽のもとでも、笠は吹き通る風に浮くほどにうまくできている。日除け用としてだけでなく、雨具用としても重宝された。最近では伝統芸能や舞踊にホテイチクやカシロダケのタケノコ皮が笠に利用されている。

また、タケノコ皮には竹葉に似て外界の熱を内部に伝えにくい性質があり、防腐効果があるとして昔から食品の包装材料として用いられた。鹿児島県内では、五月節句につくられる「アクマキ」にモウソウ

表　タケノコ皮を利用する主要な竹

竹　種	長　さ	幅	材　質	用　途
モウソウチク	50～80cm	20～45cm	皺厚皮質	包装、工芸品
マダケ	40～60	12～25	平滑皮質	包装、笠、工芸品
カシロダケ	40～60	15～25	皮質	包装、笠
ハチク	35～60	15～20	皺厚皮質	笠、工芸品
ホテイチク	15～35	6～10	平滑皮質	包装、笠
ウサンチク	40～70	8～20	平滑皮質	笠、工芸品

表　地下茎を利用する主要な竹

竹　種	長　さ	幅	材　質	用　途
モウソウチク	4～6cm	2～3cm	硬質	ステッキ、印鑑
マダケ	3～5	1.5～2	硬質	工芸品
ホテイチク	3～5	1～2	硬質	バッグ柄、工芸品
ハチク	3～5	1.5～2	硬質	バッグ柄、工芸品
クロチク	3～5	1.5～2	硬質	バッグ柄、工芸品
オカメザサ	2～3	0.5～1	軟質	工芸品
ホウライチク	1～2	2～3	軟質	ステッキ、工芸品
カンザンチク	2～4	1～1.5	軟質	工芸品

表　葉を利用する主要な竹

竹　種	長　さ	幅	材　質	用　途
オオバヤダケ	40～60cm	6～13cm	洋紙質	包装
キリシマコスズ	15～20	3～4	薄紙質	包装
ダイサンチク	20～30	3～5	髪質	包装
ヤダケ	15～25	2～3	皮質	包装
カンザンチク	15～30	1～2	皮質	手箒
リュウキュウチク	10～30	0.5～1	皮質	手箒
クマザサ	20～25	4～5	紙質	料理仕切り

チクのタケノコ皮を使っている。アクマキは、まずアク汁に一晩浸したもち米を、モウソウチクのタケノコ皮に包み、皮を一部裂いて紐代わりにして結ぶ。アク汁で五時間煮ると、もち米は黄褐色になって特有の香りと味が出る。食べる時に身近に糸がない時は、細く裂いたタケノコ皮で輪切りにして、砂糖をつけて口にする。また、鹿児島の伝統的な菓子である「春駒」は、マダケのタケノコ皮に包んでつくられる。

そのほか、茶托などの工芸品にも利用されている。加治木町で有名な「加治木下駄」の表は、マダケのタケノコ皮でつくられている。台はスギ材でつくり、表はタケノコ皮がピッタリつくように刻み込みがしてある。泥はねを防ぐために、台より広めのぞうりがつけられた珍しい下駄である。タケノコ皮製のぞうりはマダケとカシロダケが使われていたが、今ではほとんど見られなくなっている。

地下茎の利用

モウソウチクやマダケ、ホテイチクなどの地下茎（鞭根）は、美術工芸品としても利用されてきた。地下茎は細くても充実しているので、強靭である反面に柔軟性があり、曲げ加工が容易であるため、モウソウチクの地下茎はステッキに、マダケの地下茎は急須やバッグの柄の部分に、ホテイチクやオカメザサの地下茎は盛り器などの工芸品に加工され、その風雅な作品は人気があった。

良質の地下茎の年齢は三～五年生で、地下茎の伸長が終止している一二～二月に採取され、油抜き処理後に天日乾燥され加工用となった。

葉の利用

竹葉には防腐、殺菌効果があるといわれ、保存性があるうえに葉の香りもあるので、食品の包装用にされた。

鹿児島県特産のオオバヤダケの葉で包んだチマキを五月節句につくり、男児のいる家々へ賜ったと伝えられており、方言のダンゴザサは節句の風習から呼ばれてきたものだ。霧島地方特産のキリシマコスズの葉は、三月の雛節句に、もち米でつくった団子を包み祝っていた。奄美大島の住用村《すみようそん》では、五月の

モウソウチクの枝で箒づくり

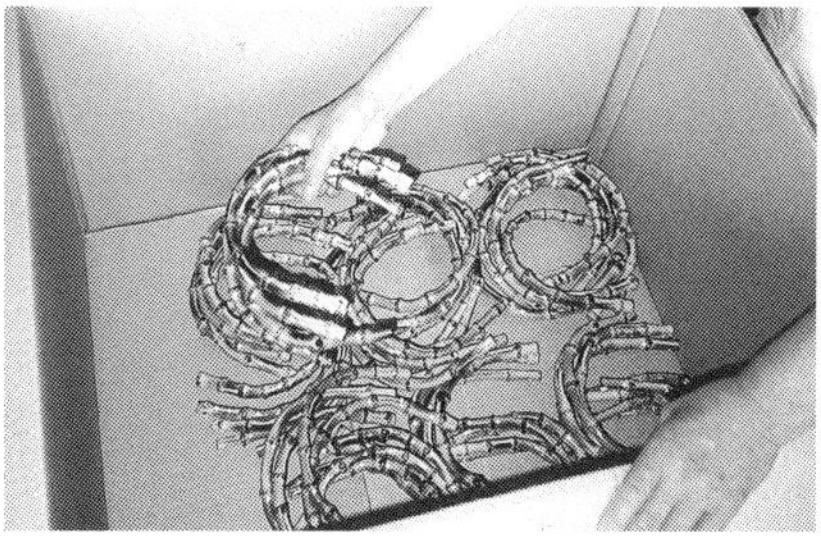

マダケの地下茎でバッグの柄づくり

モウソウチクのタケノコの皮を天日乾燥

端午の節句にダイサンチクで包んだチマキを配り、男児の健康を祝う風習があった。団子をダイサンチクの大葉で横からしっかり包み、ホウライチクの葉を中央に当ててススキで縛る。ちょうど男性のシンボルのごとき形になる。いずれも大形の葉で柔らかく、包みやすいうえに、食べる時に団子がはがれやすいので昔から使われた。クマザサやスズタケの葉は料理の仕切りや下敷きに用いた。料理の新鮮さを示すためでもあった。

　鹿児島県特産のカンザンチクとリュウキュウチクの葉は、「笹箒」として室内の掃除時に多用された。枝葉の先端部をつづらで縛っただけではあるが、枯れても葉が落ちないので重宝された。現在でも南西諸島では室内用として大・小の手箒が使われている。沖永良部島《おきのえらぶじま》ではリュウキュウチクをホウキデーと呼んでいるのは、手箒をつくるからである。種子島をはじめリュウキュウチクを多産している島々では枝葉で竹蓑がつくられている。海岸近くで採取されたものは何十年も使えるという。

（鹿児島県竹産業振興会連合会）**濵田　甫**

竹でつくる楽器

竹の響き

アジアには、数え切れないほどの竹の楽器がある。日本だけでも、横笛や尺八、笙《しょう》、篳篥《ひちりき》、歌舞伎で使う多くの鳥笛や擬音笛をはじめ、アイヌ民族のムックリ（口琴）、三匹獅子舞や田楽のささら、四つ竹、こきりこ、鳴子など、数百種類では収まらない。繊維のまっすぐ通った硬い構造は音の響きもよく、中空だからそのまま共鳴体にもなる。竹やぶに入って棒で竹の幹のあちこちを軽く叩いてみるとさまざまな音が聞こえてくる。

竹によって太さも節間の長さも肉厚も違うから、いろんな種類の響きに驚かされる。長さを変えて並べて叩けば木琴ならぬ竹琴のできあがり。

東南アジアには、竹を割って音板をつくる竹琴類も多いが、バリ島のティンクリッや巨大竹琴ジェゴグなどは、竹筒の空洞を生かしてつくる。地響きのような重低音が魅力のジェゴグは、世界最大級の種類の竹でつくられ、最低音の筒は直径二〇～二五cm、長さ三mあまり。日本のマダケやモウソウチクでも近いものはできる。重低音から高音まで大小さまざまの竹琴をつくり、いくつかの笛やホルン、竹筒太鼓などを組み合わせて工夫すれば、バンブー・オーケストラもできる。

ボルネオなどには、西洋の管弦楽の楽器を全部竹でつくってしまった楽団もいくつかあるし、フィリピンに残る竹のパイプオルガンは、安土桃山時代には日本でも堺や天草などにつくられていた。

フィリピンのトンガトン

インドネシアのアンクルン（和音の出る鳴子の一種）やフィリピンのクンビン（竹の口琴）、トンガトン（竹のスタンピングチューブ）などは、他の国々の小学校教育にも取り入れられている。

トンガトンは、フィリピンのルソン島北部に住む

竹筒の空洞を生かしてつくる巨大竹琴のアンサンブル、ジェゴグ（インドネシアのバリ島）

山岳少数民族カリンガの伝統楽器で、長さを変えて調律した竹筒を節を下にして握り、硬い地面や丸太に軽く弾むように落とす。

ただそれだけなのに、竹筒の中の空気が共鳴し、山里にこだまするシシおどし（添水唐臼）のようなコーンという深い倍音と余韻を含んだ神秘的な響き。同じつくりの楽器は、台湾やボルネオ、バリ島にも、ハワイやソロモン諸島などにもある。こんな簡単にできて音も面白い楽器は、竹のない地域では考えられない。

道具はノコギリ一丁。根元側の節を残し、五〇～六〇㎝に切ったものが基準になる。あとは手に合わせて指三本分の幅だけ短いものを次々に切り取っていく。五〇㎝から二〇㎝くらいまで、長短六本セットでリズムパターンを決め、何人かで強弱をつけながら鳴らすと、重なり合ったリズムの中から不思議な旋律が浮かび上がってくる。人数が多ければ同じものを何セットもつくればいいし、もっと低音域や高音域をつくってもいい。どうしても西洋的に調律してメロディーを演奏したいなら、ドレミソラの五音階がいい。ドレミファソラシドよりはるかに楽で、誰にでもでき、文部省唱歌や懐メロの八割方はなんとかなる。

ムンガル、竹ぼら、ディジュリドゥーなど

このトンガトンとは逆に、上側の節を残して根元側を開口部にすると、細いのはアンデスやオセアニアのパンパイプやケーナ（最高級品は今や日本の竹製）、あるいは尺八のような笛ができる。太く長いものは、開口部をビーチサンダルやスリッパで叩くと、ブンッ、ボンッと太鼓に似た響き。パプアのムンガル（ハワイのマウイ島ではマウイ・マリンバと呼ぶ）という楽器になる。節を全部抜いてパイプ状にすると、音色が明るくなる。

直径七〜八cm、長さ三〇〜四〇cmの竹の節の近くに吹き口の孔《あな》を開ければ、ブオ〜ッと迫力ある響きの「竹ぼら」ができる。法螺貝《ほらがい》より入手しやすく吹きやすいので、昔は寄り合いの合図や一揆などで吹き鳴らし、歌舞伎や芝居、ラジオ、映画の効果音にも使われていた。マダケがいいが、モウソウチクでもできる。孔の大きさは一五㎜くらい。唇を閉じて吹き口に当て、ブーッと震わせて吹く。コツさえつかめば、割と簡単に大きな音が出せる。

元文三年（一七三八年）、奥州岩城（現在の福島県いわき市）で起こった一揆「岩城騒動」では、八万の民衆が城を囲んで一斉に吹き鳴らしたという。沖縄では竹ブラ、フィリピンではブンボンなどと呼ぶ。開口部を手でふさいで横笛のように吹けば、オカリナのようなこもった音色の笛になる。佐渡には指孔がひとつだけのそういう笛があるし、パプアにはもっと長い神聖な儀式用の竹笛もある。

直径七〜八cm、長さ一・五m前後の竹の節を全部抜き、細いほうの口の切り口の角を丸く面取りして蜜蝋《みつろう》でマウスピースをつくると、若者たちに人気のオーストラリア先住民アボリジニの楽器ディジュリドゥー（実は欧米人の誤称で、現地ではイダキなどいくつかの呼び名がある）ができる。竹ぼらよりひときわ唇を緩めて吹くので音を出すのにコツはいるが、音色は宇宙的でとにかく面白い。この一〇年で吹ける人は二〇〜三〇代を中心にかなり増えている

ので、探して指導してもらうといい。意外なネットワークが広がるかもしれない。

細い竹やメダケ類と太い竹をうまく組み合わせて長くつなげば、大型のアルペンホルンやバス、フルートなどもできる。

和光大学の「音響人類学」「音づくりを楽しむ」などの授業では、近隣の竹林の保全をかねて毎年竹を伐採し、数十種類の楽器をつくっている。全国各地の学校教育や社会教育の現場で三〇年近く指導してきたから竹の楽器をつくって遊ぶ人は増えたが、良い指導者を育てるのは難しい。それでも福島県平田村の「たけやま森の学校」のスタッフなどは特に熱心で、鳥笛や竹ぼらと古代火起こしの技は、すでに免許皆伝に近い。小は直径五㎜以下の篠竹のスズメ笛や鈴虫笛から、大はジェゴグや世界最大の超重低音の笛まで、楽器の素材としても竹の可能性は無限にある。

（和光大学）**関根秀樹**

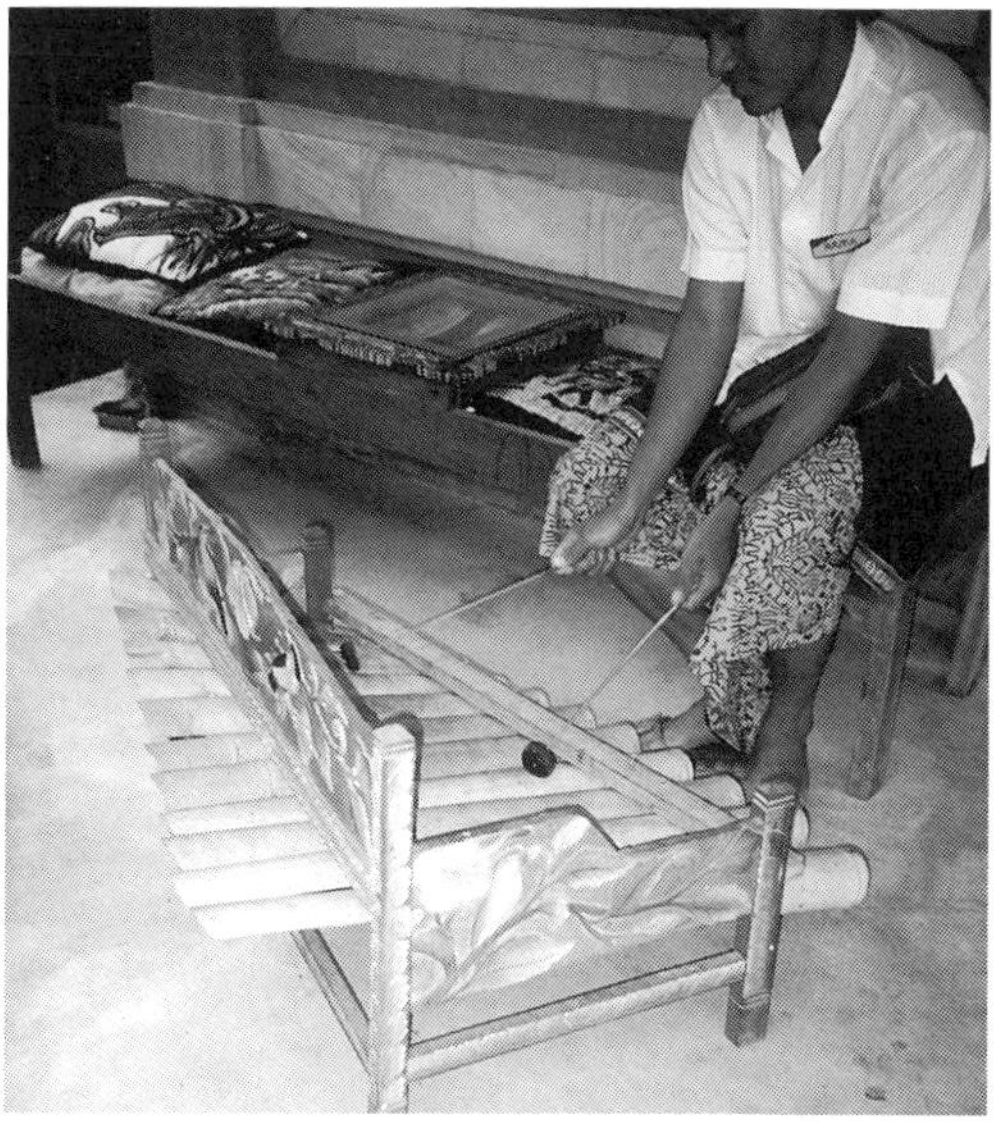

ティンクリッも竹筒の空洞を生かしてつくる竹琴（インドネシアのバリ島）

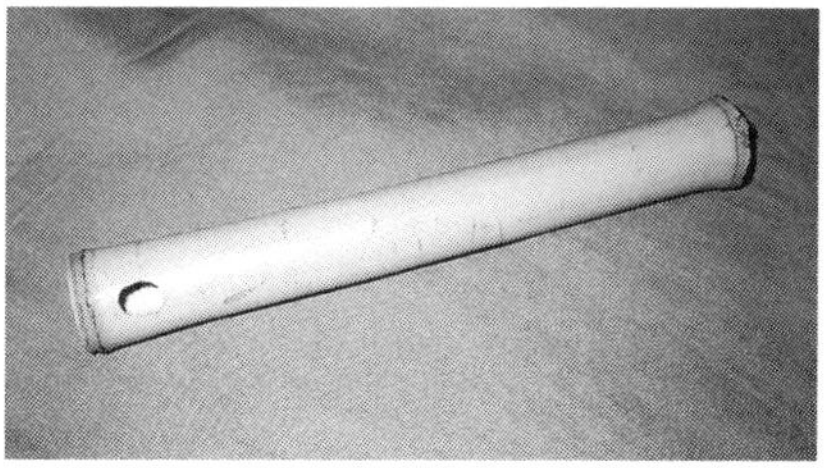

マダケでつくった竹ぼら（福島県平田村）

第5章

■

竹林の有効活用と環境保全の意義

ホウテイチク、メダケなどによる護岸

■

竹林の維持・管理と活用の今日的意義

竹林の現状

日本の自然環境や風土に順応して生育し続けてきたササ類は、各地の山野で数多くの種類が見出され、そのほとんどは放任されているにもかかわらず、これまで面積が拡大して困っているという声を耳にしたことはない。その理由は、生育地域内に住居や日常生活の場がほとんどないためだと考えられ、そこを訪れる多くの人々も、それを自然景観、自然植生として素直に受け入れているからに違いない。

ところがタケ類については、もともと農家の裏山の雑木林で、稈や枝葉を素材や加工品として利用するために保育してきた。それゆえ、これまで日本の竹産業や竹文化の発展に寄与してきた種がいくつも存在している。中でもモウソウチク、マダケ、ハチクなどは、いつの頃からか種の特性を取り上げ、いろいろな製品や目的に使い分けて利用してきたため、三大有用種として重宝されるようになり、低山帯で栽培されて人間生活と共生してきたのである。それだけに最近の社会情勢と竹林の変貌振りは、強く人目に印象づけられるようになっている。

よく考えてみると、本来、タケとササは植物学的には共通するものの、その存在意義や価値には大きな違いが存在することがわかる。

この三十数年間を振り返ってみる時、社会情勢の変化や時代に則したニーズの推移などが関係して、タケ類の栽培面積が全国で四〇%程度も減少していることが明らかになっている。その原因を調べてみると、背後に山村農家の里山利用に対する依存度の低下、竹材やタケノコの消費者離れによる農家の生産意欲の低下、生産者の高齢化、労務従事者の減少などが関係している。さらに農地の生産調整地を竹林周辺に多く設定したこともあって、休耕を余儀なくされた田畑が増加したことで土地所有者ですら竹林の近傍に立ち寄らなくなっている。

こうした理由から、いったん既存の竹林が放任されたり放棄されたりしてしまうと、タケはその地下茎を周辺地域の若齢人工林内や開放地にも伸ばして拡大していく。最近のタケ類の面積はこの三〇年間だけでも、全国平均で最近の栽培面積の約六〇％も増加していると見なされる有様である。

ただ、こうして拡大した地域に生育しているタケは、放任されているだけに生産性が低く、高品質の生産材が得られているとは言えない。しかもタケは生きている限りにおいて、無性繁殖により毎年新しい稈を生じ地下茎を伸ばすため、林地を常に管理していなければ資源としての需要に応じられないほど価値が低下してしまうのである。資源とは、何らかの目的に利用されてこそ評価される対象物であり、いつでも求めに応じられるだけの素材であってこそ価値が存在するからである。

竹林の管理手法

全国的に拡大面積の広いモウソウチクの既存林を対象として管理手法を考えてみると、①林産物生産林（タケノコを含む）、②景観保全林、③環境林に区分できる。

林産物生産林

従来から行われてきた粗放栽培の竹材生産林と、集約栽培のタケノコ生産林に二分することができる。

竹材生産林で欠かすことのできない管理は、本数密度管理と伐採竹の選択順序である。

厳密に本数密度管理を行うならば、同じ場所で数年間の発生状況を調査しなければならないが、ごく一般的な値としては、平均直径一〇㎝前後で一ha当たり七〇〇〇～八〇〇〇本仕立てで栽培する。

伐採竹の優先順位は「枯損竹」「病虫害竹」「細竹」「密接竹または隣接竹」の順。利用できない枯損竹、病虫害竹は、タケノコの発生前に伐採し、一〇月末以降に残りの細竹、密接または隣接竹の伐採を行う。その後、仕立て目標以上の立竹があればそれらを伐採する。つまり、秋以降に伐採するタケはすべて利用可能な稈である。

タケノコ生産林は、本数密度の目標を平均直径一〇cmで五〇〇〇本として、太陽光の透過に配慮する。

伐採竹の順序は竹材生産林と同じで、枯損竹や病虫害竹はタケノコは、発生初期から中期のもので、親竹として残すタケノコの発生前に行う。親竹として残す後に新竹を含めて細竹や隣接竹を伐採する。

タケノコ生産林では、秋から初冬にかけて敷きわらや土入れを行って土壌を柔軟化し、肥沃化させることと、春先に林地の中耕を行う。さらに化成肥料を、タケノコの収穫後に全体量の二分の一、二月と一〇月頃にそれぞれ全体の四分の一施与する。こうした作業が加わるだけに、集約化を余儀なくされることになるのである。

なお、竹材生産林で注意しなければならないのは、竹炭材の生産管理である。炭材としては無施肥地で育ったもの、排水のよい湿気の少ない傾斜地で育ったものがよいので、本数密度管理は一ha当たり六〇〇〇本を目標とし、尾根から中腹の土地を選び、竹材専用林の育成をはかることが必要である。

なお、伐採は五年生のものを選択して実施する。

放任された竹林管理手法で最も厳しいのは、初年度の枯損竹や病虫被害竹の伐採と搬出である。これを克服すれば、その後の作業はさほど苦にはならないであろう。

景観保全林

比較的地形のなだらかな場所の林内に遊歩道を設け、本数管理密度をタケノコ採取林もしくは炭材生産林並みに少なくし、見通しをよくする。入山者は、林内の空気と竹林特有の明るさからセラピー効果を受け取ることができるだろう。

こうした景観保全林は生産林でも設置できるが、その際は遊歩道の位置取りに一考を要する。

環境林

傾斜が強く経営林として適さない場所や、奥地で生育する林分を選ぶ。枯損木の処理を中心として、過密林や拡大竹林を対象に公益的機能が保てるように管理する。

これまで述べてきたいずれのタイプの竹林においても、継続管理が欠かせない。地元の人たちの協力や行政の指導と助成を得て成功させる必要がある。

竹林の有効活用を考えた管理を

竹林の機能としてまず考えられるのは、枝葉によって緑のマントを中空に広げて日陰をもたらし、地表面の温度を低減することである。単位面積当たりのタケの葉量は、樹林と比べて意外と多い。そのため、夏季の直射日光を遮蔽して地上の反射熱を吸収し、温度上昇を抑制することができる。しかも同化能は熱帯地域の草本類に等しく、二酸化炭素のシンクとしての役割を十分果たしてもいる。ただ、落葉の分解が遅いだけに、多少の差し引きは考えておかなければならない。

竹林は、常に適正な本数管理が必要

次に、稈には葉緑素はもとより抗菌成分が含まれており、林内の通過は健康上にも良い刺激を生み、セラピー効果を享受できる。そのため、自然と人との共生を意図することが可能である。

また原点に戻れば、再生可能な持続的生産の可能な資源林として、そこから得られる資材は利用範囲が極めて広いことがある。そこにはまた、公益的な役割としての水質保全や保水機能、降雨時の表土流亡の阻止機能も少なからず有している。

こうした竹林が有する諸機能を有効に活用するには、常に適正な本数管理を継続して行わなければならない。

（竹資源活用フォーラム）**内村悦三**

竹林のバイオマス量の試算と特徴

新エネルギーの開発

二〇〇一年六月に発表された長期エネルギー需給の見通しの中で「新エネルギー」とされたものに、①太陽熱・ソーラーといった、地球上に注がれるエネルギー、②風力、潮力など地球上で起こるエネルギー、③オイルシェール（油母頁岩《ゆぼけつがん》＝油を含有する岩石）・オイルサンド（油を含んでいる砂岩や地層）・石炭液化・ガス化といった合成燃料エネルギー、の三つが取り上げられた。

これらは、有限エネルギーである石油、石炭などの化石燃料がいずれは枯渇することを前提として、再生産可能なエネルギー、すなわち地球上の自然環境を利用して繰り返し起こる現象からエネルギーを求めようとするものであり、そこにはバイオマスも含まれる。さらには供給サイドのエネルギーとして、前記のほかに廃棄物による発電があり、需要サイドからは大気汚染をもたらせないクリーンエネルギーとして、電気、燃料電池、ハイブリッド、天然ガス、エタノール、ＬＰＧなどを使った自動車関連の新エネルギーが望まれており、一部ではすでに開発だけでなく、実際に利用されているものもある。

こうした流れの中で、これまでバイオマス資源では未利用であったタケに関しても、クリーンエネルギーとして活用できるのではないかと期待されている。

バイオマスとタケ

バイオマスとは、ある時点で特定の地域内に存在する生物体の総量のことをいい、生物群をエネルギー源として利用する方法として使われるバイオロジー（生物学）とマス（量）の造語である。重量またはエネルギー量で示されるが、今日では生物体を工業用原料として使う際にも、その生物体全体をバイオマスと呼ぶようになっている。

水田の背後に広がるモウソウチクの大群落

　ところで、タケの成長速度が速いことについては多くの人が知っているが、C／F値（同化部分Cと非同化部分Fの比）や稈、枝葉、地下茎などの生産量、いわゆるバイオマス量については、あまり明らかにされていない。それというのも、樹木であれば、数年間隔で同じ場所を訪れると、その高さや太さが増していることを実感できるが、タケでは各個体が伸長成長も肥大成長も行わないため、管理が行き届いている林分では同じ場所にいつ訪れてもボリュームの増加が感じられないからであろう。しかし実際には、バイオマスとして得られる年生産量を毎年外部に持ち出しているのである。

　参考までに、これまでに測定したT／R（地上部と地下部の重量比）は、タケ類で二・三〜二・八であるのに対し、樹木では〇・八〜一・〇で、タケは地上部の生産効率が大きい。C／Fについても、モウソウチクで二二・二、マダケで一一・〇と、同化部分が多くなっている。これだけでなく、温帯性のマダケでも熱帯の草本並みの同化能があり、また温帯常緑樹の一・七倍の同化能のあることが明らかになっている。

このように、樹木林と竹林では根本的な違いがあることを理解したうえで、タケがバイオマスとして有利な項目を取り上げてみると、次のように集約することができる。
①利用回帰の相違…樹林では、材積として毎年蓄積され、数十年後に一度利用することになるが、竹林では、毎年同じ場所から成長した量が利用できる。
②成長速度の相違…樹木では、成長の速い種類でも利用するのに一〇年以上を要するが、タケは短年に成竹となり、三〜五年で利用できる。
③植林の有無…樹木では、数十年間隔とはいえ伐採後には植林するか萌芽更新を待たなければ再度利用することができないが、タケは皆伐しない限り無性繁殖を繰り返すため、植林の必要性がなく、持続的に再生産することができる。
④年生産量の相違…竹林は、単位面積当たりの年生産量（重量）が極めて多い。
ただ残念なことに、わが国では竹林面積は森林面積の〇・八〜一％程度しかなく、樹木と比べるとバイオマスとして利用できる絶対量は極めて少ない。

竹の現存量と生産量

バイオマスは、現存量がどれだけ存在しているかということ自体よりも、むしろどれだけの年生産量があるか、またどの部分にどれだけの生産量が配分されていて、その部分が現実に利用できるかどうかが重要である。例えば、樹木で大切なのは幹であり、タケの場合は稈である。これらに付加価値をつけるとすれば、枝がどれだけ使えるかであろう。根系や地下茎が利用できるとしても、それらを利用すれば持続的生産が行えないことになってしまうので利用の対象にはできない。

表（211頁）に森林型などの現存量と年生産量の概数を示した。現存量そのものに関しては森林が明らかに多いが、それは当然毎年蓄積されるからである。これに対して竹林や草原は、蓄積されたとしても数年間だけであり、森林や樹林の蓄積量には遠く及ばない。ただ、スギやヒノキの一斉人工林とい

表　森林型などの現存量と年生産量

森林型等	現存量（t／ha）	構成年齢	年生産量（t／ha）
モウソウチク栽培林	100～150	5	20～30
熱帯多雨林	400～500	40	10～13
温帯常緑広葉樹林	350～370	30	12～13
温帯落葉広葉樹林	300～320	25	12～13
草原	16～40	2	8～20
ステップ	1.2	1	1.2

えども立地条件で随分生育状況が異なり、現存量や年生産量に差が現れるのは通常のことである。また栽培されている竹林でも、管理状態によって現存量に違いのあることは明らかだ。したがって、いずれの場合も許容範囲や概数で示すしかない。また天然林では、構成年齢を算出することが困難であることにも考慮しなければならない。

参考までにモウソウチクの現存量を部分別に比率で表すと、地上部では稈五五％、枝九％、葉四％、地下部では地中稈一二％、地下茎と根系二一％となっている。この中でバイオマス利用の可能な地上部だけを考えてみると、モウソウチクでは稈八一％、枝一三％、葉六％であり、これに対してマダケの地上部は稈七一％、枝一九％、葉九％となる。稈に対して枝の占める割合が、マダケはモウソウチクのほぼ二倍あり、モウソウチクは稈の割に葉量が少ない。

森林型等とモウソウチクの年生産量を比較してみると、モウソウチクは明らかにその値が樹林よりも大きく、バイオマスとして利用するには都合のよいことがわかる。

竹のバイオマス量

現在、日本の有用種であるモウソウチク林の栽培面積は四万余haで、その半分近くが竹材林であり、残りがタケノコ畑として栽培されている。竹材林の標準的な栽培地における稈の一ha当たりの乾燥重量は約五五tである。また、マダケの栽培面積は一万五〇〇〇haで、稈の一ha当たりの乾燥重量は約三〇tである。これらの栽培面積だけを見てみると、二〇〇七年現在で一〇年前の六五%にまで減少している。

モウソウチクの竹材林では、全国で栽培地の約六〇%が放任による拡大で増加しているが、タケノコ畑は減少こそすれ、拡大はしていない。また、竹材林では全面積の七〇%がバイオマスとして利用でき、タケノコ畑では三〇%だけ使えるとすると、拡大地も含めて全体で二万八七〇〇haが対象となる。したがって竹林のバイオマス量を試算すると、この面積に生産量五五tを掛ければ四年輪伐で三九万四六〇〇t、五年輪伐なら三一万五七〇〇tが使えることになる。

マダケについてはすべてが竹材林であるため、拡大地を全体の五〇%増を含めて同様に計算すれば二万二五〇〇haとなり、この七〇%が使えると仮定し、これに三〇tを掛けた値から、四年輪伐では一〇万一八〇〇t、五年輪伐だと八万一六〇〇t使えることになる。

したがって、この二種だけで考えると、四年輪伐で五〇万二七〇〇t、五年輪伐では三九万七三〇〇t利用できることになる。しかし、これらの値は決して多くはなく、大企業が必要とするバイオマスは、最低でもこの五〜一〇倍と聞いている。

（竹資源活用フォーラム）**内村悦三**

竹資源の活用と環境保全の可能性

竹資源を生かすということ

タケが昔から広く活用されたのは、特別な道具がなくても割ることや曲げることがたやすくでき、加工や細工も楽であるためだと考えられる。また、竹材をそのまま使う場合は、パイプ状になっていることや、通直で軽く取り扱いにも都合がよかったからだと思われる。しかも、多くの種類の中からその特性を導き出し、利用できたのも幸いしたのであろう。

考えようによっては、木材では使い勝手の悪い部分をタケなら十分に補完できるということからも、大きな役割を果たしてきたといえる。それでも当時の人が、タケを「資材」あるいは「材料」と呼んでも「資源」とまで呼ぶことをしなかったのは、利用規模が小さく、家内工業の範疇をとびだすことがなかったためであろう。

しかし、物資が窮乏してきた一九四〇年代になると、海外からの物資の調達ができなくなり、国内で利用できるものは何でも使おうとする機運が高まり、改めてタケに目が向けられるようになったことも確かである。この頃からタケは「資源」であるという意識が徐々に芽生えてきたと見なされるが、それでもこれを増殖して積極的に利用しようとする意気込みの人は、ごく一部に留まっていた。

ところが最近では、竹製品の利用の低迷とともに、むしろそれよりも毎年生えてくるタケをどのように利用するかという思いが先に立っている。

そのきっかけは、木炭と同様に炭化して竹炭をつくることにあった。ただ、木炭が煮炊き物や暖房用の燃料として生産されたのに対して、タケは炭化した際に木炭よりも超微細孔が多くあり、その総面積が広いことから、調湿、吸臭、水質浄化、遠赤外線効果、食品保存、土壌改良など、生活補助機能に優れているとされ、もっぱらエネルギー以外の利用に使うことで資源利用の活路を開くことになったのである。当初は炭化さえできていればよいという思想の持ち主が生産者に多数参入していたこともあって、トラブルを起こしたこともあったが、現在では生業として専門的な知識を持ち、責任のある製品づくりに励んでいる生産者のみが生き残っている。

また、炭化の際に得られる竹酢液も、防菌、脱臭、コスメチックス、土壌殺菌などに利用できることが明らかになった。

小規模ではあるが、竹紙も書画用に使えばにじみがないという特徴が生かされ、同時に和紙としてインテリアの創作用としても使われるようになっている。資源としての大量活用ともなると、工業化での利用に向かわざるを得ないようになってくる。その例として竹繊維が抗菌性や通気性などに優れているることからアパレル産業界で取り入れられるや、大量の稈が資源利用として有効に活用できるようになり、そこでは竹繊維と竹炭がコラボレートする場面も創出されている。

竹繊維と異素材との複合利用についても広範囲の開発が行われている。しかし企業化を考えると、生産に必要な原材料そのものは資源量の豊富な他国に依存するしかないというのが現状であり、ジレンマに陥るところでもある。

タケが木材の補完材としての利用が可能なことはすでに述べたが、飛躍的に利用されるようになったのは集成材の成功からである。フローリングや腰板材、壁材としてだけではなく、柱材としても使われるようになっている。しかしこれも、資源量の問題から国内産材の利用対策とはならず、むしろ海外の竹産業を支援する結果となっているのは残念である。

環境保全への道のり

我々が地球規模での環境の変化について意識し始めたのは、今から二十数年前のことである。初期の頃に話題となったのはオゾン層の破壊、酸性雨、熱帯林の減少などであったが、これらは対策に課題を残しつつも現在では一時よりマスコミが取り上げる頻度は少なくなっている。最近では環境悪化に伴って起こる地球の温暖化、生物種の多様性保全や絶滅危惧種対策、汚染物質や家庭内と産業廃棄物といった、より身近な生活環境問題が重点的に取り上げられている。

特にタケが環境問題の中で大きく関わるのは、二酸化炭素のシンクとなるのかソースとなるのかの問題である。この点に関しては、タケの同化量は葉面積が占める量からも大きいことが明らかになっている。したがって、二酸化炭素を吸収する素地は十分に持っている。

また、タケは煙害や潮害に対する耐性が低く、早期に落葉することで自己防衛を行っている。台風などによる一過性の塩害であれば一時的に落葉はするが、やがて再生するので枯れることはない。熱帯の乾燥に対しても、乾期のみ落葉することで水分の蒸散量を軽減し、雨期が戻れば葉を再生して同化作用を再開するのと似た面がある。

これらのほかにも、タケが持つ公益的機能が環境保全の一助として役立っているのはもちろんである。森林と同様に保水機能、水質浄化機能があり、かつて設置された水害防備林としての河川敷におけるマダケ林の造成事例がある。そのほかにも表土流出の保全機能などがある。温帯性竹林は、地下茎と根茎が地中に広く面として広がっているが、その分布は浅いため、集中豪雨のような大量の一時的な降雨に対しては耐えられないことがあるのは致し方ないとしても、通常の長雨に対しては土壌流亡機能を発揮した事例は各地で見られている。

地球環境を守ることは、とりもなおさず人類の生存に関わることでもあり、そのためには一昔前に存在していた自然を少しでも取り戻す必要がある。鉱物や化石燃料はいずれ消滅する資源だが、植物はそれが可能な資源である。とはいえ森林は、伐採後に以前どおりの森林に復旧させるにはかなりの時間と困難が伴う。それに対して竹林は、管理さえ常に継続して行っておけば長期的に維持することができるので、環境保全をはかりつつ利活用可能な植物だと明言できる。だからこそ、今後のさらなる利用開発が求められるのである。

（竹資源活用フォーラム）**内村悦三**

◆主な参考文献一覧

・渋沢

『木材工業ハンドブック』森林総合研究所監修、丸善
『竹材の研究第10報 竹材中の湿気拡散について』鈴木寧、青山経雄、東京大学農学部演習林報告第46号

・杉谷

「Bamboo Voice 30」竹資源活用フォーラム
『光合成とはなにか』園池公毅著、講談社
『排出量取引とCDNがわかる本』エコビジネスネットワーク著、日本実業出版社

・狩野

『竹炭をやく生かす伸ばす』山梨県・身延竹炭企業組合編・片田義光著、創森社
『産地発たけのこ料理』並川悦子著、創森社
『考古・民俗叢書 京文化と生活技術―食・職・農と博物館―』印南敏秀著、慶友社
『京都で食べる 京都に生きる』松本章男著、新潮社

・森田

『鹿児島県林業史』鹿児島県林業史編纂委員会編、鹿児島県林業史編さん協議会
『鹿児島県の竹産業の構造―竹材の生産・流通・加工の分析―』鹿取悦子・岩井吉彌著、京都大学演習林報告66（1994）

・中西

「平成18～19年度科学研究補助金研究成果報告書」2008年
『モウソウチクの飼料的価値』萬田正治・長英司・徳田博幸・黒肥地一郎・渡邉昭三著、鹿児島大学農学部学術報告第40号（1990年）
『農業・畜産・林業に貢献する竹資源の高度循環活用について』佐野孝志著、山林第1489号（2008年）
『解繊処理竹材のサイレージ化とその発酵品質』中西良孝・東めぐみ・西田理恵・髙山耕二・伊村嘉美著、日本暖地畜産学会報第52巻第1号（2009年）
『解繊処理竹材サイレージ給与が山羊の採食性、第一胃内性状ならびに血液性状に及ぼす影響』中西良孝・東めぐみ・西田理恵・髙山耕二・伊村嘉美著、同上誌

・中川

『新訓　万葉集』佐々木信綱編、岩波書店
『上杉本洛中洛外図屏風』小澤弘・川嶋将生著、河出書房新社

・大石

『バイオマス・エネルギー・環境』坂志朗著、環境アイピーシー社

◆監修者・執筆者一覧

＊五十音順、所属・役職は2009年8月現在

内村悦三（うちむら えつぞう）
1932年、京都府生まれ。竹資源活用フォーラム会長、富山県中央植物園園長。

大石誠一（おおいし せいいち）
1951年、静岡県生まれ。丸大鉄工株式会社代表取締役

片田義光（かただ よしみつ）
1926年、山梨県生まれ。身延竹炭企業組合理事長、日本竹炭竹酢液生産者協議会会長

狩野香苗（かりの かなえ）
神奈川県生まれ。フリー編集者、ライター

北野勇一（きたの ゆういち）
1971年、鹿児島県生まれ。JAさつま生産部農産課

近藤 博（こんどう ひろし）
1967年、宮崎県生まれ。中越パルプ工業株式会社東京本社東京事務所調査役

渋沢龍也（しぶさわ たつや）
1964年、東京都生まれ。独立行政法人森林総合研究所複合材料研究領域複合化研究室長

菅野克則（すげの かつのり）
1952年、千葉県生まれ。大多喜町役場税務住民課（執筆時は農林課）

下津公一郎（しもつ こういちろう）
1953年、鹿児島県生まれ。NPO法人エコ・リンク・アソシエーション代表理事

杉谷保憲（すぎたに やすのり）
1933年、島根県生まれ。NPO法人竹の学校理事長、FoE（地球の友）京都代表

関根秀樹（せきね ひでき）
1960年、福島県生まれ。和光大学や桑沢デザイン研究所などの非常勤講師

園田秀則（そのだ ひでのり）
1945年、山口県生まれ。森の駅「小さな森」代表

高橋真佐夫（たかはし まさお）
1957年、大分県生まれ。NPO法人うすき竹宵理事長

中川重年（なかがわ しげとし）
1946年、広島県生まれ。京都学園大学教授、全国雑木林会議世話人

谷 嘉丈（たに よしたけ）
1975年、徳島県生まれ。バン株式会社取締役

中西良孝（なかにし よしたか）
1956年、香川県生まれ。鹿児島大学農学部教授

濵田 甫（はまだ はじめ）
1934年、鹿児島県生まれ。鹿児島県竹産業振興会連合会会長

平石真司（ひらいし しんじ）
1947年、大分県生まれ。日本の竹ファンクラブ代表

松田直子（まつだ なおこ）
愛媛県生まれ。株式会社Hibana代表取締役、ライター

森田慎一（もりた しんいち）
1956年、鹿児島県生まれ。鹿児島県森林技術総合センター森林環境部部長

山岸義浩（やまぎし よしひろ）
1963年、高知県生まれ。株式会社山岸竹材店代表取締役社長

山田隆信（やまだ たかのぶ）
1969年、山口県生まれ。山口県森林企画課主任

三城賢士（みしろ けんし）
1982年、熊本県生まれ。合同会社ちかけん代表

ベニホウオウの生け垣

●

デザイン———寺田有恒　ビレッジ・ハウス
撮影———山本達雄　三宅 岳　樫山信也
企画協力———中川重年　濱田 甫
取材・撮影協力———鹿児島県林務水産部森林整備課
中越パルプ工業　宮之城伝統工芸センター
日の丸竹工　鶴田竹活性炭製造組合
脇田工芸社　ミニ独立国「チクリン村」
森木材　新興工機　御池　並川悦子
編集協力———村田 央
校正———渡井和子

監修者プロフィール

●内村悦三（うちむら えつぞう）

京都府京都市生まれ。京都大学農学部林学科（造林学専攻）卒業。農林省林業試験場（現在の独立行政法人 森林総合研究所）などを経て大阪市立大学理学部教授、および附属植物園園長、日本林業技術協会技術指導役、日本林業同友会専務理事を歴任。

現在、竹資源活用フォーラム会長、富山県中央植物園園長、日本竹協会副会長、竹文化振興協会常任理事、地球環境100人委員会委員などを務める。

竹に関する主な著書に『竹への招待』（研成社）、『竹の魅力と活用』（編・分担執筆、創森社）、『森林・林業百科事典』（分担執筆、丸善）、『タケの絵本』（編・分担執筆、農文協）、『タケ・ササ図鑑～種類・特徴・用途～』『育てて楽しむタケ・ササ～手入れのコツ』（ともに創森社）など

現代《げんだい》に生《い》かす 竹資源《たけしげん》

2009年９月24日　第１刷発行
2023年１月10日　第２刷発行

監 修 者――内村悦三《うちむらえつぞう》

発 行 者――相場博也

発 行 所――株式会社 創森社
〒162-0805 東京都新宿区矢来町96-4
TEL 03-5228-2270　FAX 03-5228-2410
http://www.soshinsha-pub.com
振替00160-7-770406

組　　版――有限会社 天龍社

印刷製本――中央精版印刷株式会社

落丁・乱丁本はおとりかえします。定価は表紙カバーに表示してあります。

ISBN978-4-88340-240-3 C0061